汉竹编著·亲亲乐读系列

育婴师干货分享：
宝宝少生病
吃得香睡得好长大个

张立云 / 主编

汉竹图书微博
http://weibo.com/hanzhutushu

江苏凤凰科学技术出版社
全国百佳图书出版单位

导读

"宝宝的皮肤皱皱的，正常吗？"

"宝宝每天喝多少奶？"

"宝宝半夜哭醒怎么办？"

"宝宝生病了，怎么护理？"

……

面对娇嫩的宝宝，刚刚升级为爸爸妈妈的你们，

是否也在为怎么带孩子、怎么带好孩子而烦恼？

是不是你也总是在问：这样做，对宝宝好不好？

先别着急，翻开这本书，这里有你想要的答案。

虽然宝宝每天的生活无非就是吃喝拉撒睡，但是育儿并不是一件轻松的事。

本书从认识宝宝开始，为新手爸妈详细讲述育儿的那些事儿，带你一起解决宝宝的睡眠、喂养、洗护、疾病等问题。无论遇到哪方面的问题，翻开书，都能找到详尽的护理、解决方法，轻松解决宝宝成长中的每一件事。书中更有简明的步骤图，手把手教你喂养宝宝，让育儿这件不轻松的事也能变得简单起来。本书总结育婴师的带娃经验，即便是24小时围着宝宝转，

也能让新手爸妈转得轻松自如。

目录

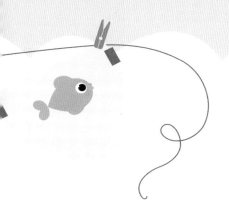

新生儿

新生儿并不是一出生就是粉嫩可爱的模样，他身上有白腻腻的物质，头上有柔软的囟门，屁股上有青色的胎记，还有罗圈腿……"怪怪"的他是不是与想象中的宝宝不太一样？但是这些是新生宝宝特有的正常现象，所以新妈妈们先来了解一下你的宝宝吧。

认识你的宝宝

在众人的期待之中，一个湿漉漉、光溜溜的小天使来到你的身边，他那一声响彻云霄的嘹亮哭声，像是在告诉父母和亲人们"你们等很久了吧！快欢迎我吧"，也像是在说"赶紧好好看看我，认识认识你们的宝宝吧"。

宝宝的体温

母体宫内温度高于一般室内温度，所以新生儿娩出后体温都会下降，然后再逐渐回升，并在出生后24小时内超过36℃。

刚出生的宝宝体温调节中枢尚未发育成熟，皮下脂肪还不够厚，不能像成人一样自我调节体温，很容易受外界环境温度的影响。所以宝宝一出生就要采取保暖措施，并要定期测体温。室内温度最好保持在24~26℃。

少数新生儿在出生后3~5天内会出现所谓"脱水热"或称"一次性发热"，体温可升至39~40℃，往往持续几个小时甚至一两天，并伴有面部发红、皮肤干燥、哭闹不安等症状。一般在喂母乳或温开水后，体温会很快降下来。如果经上述方法处理后，宝宝体温仍不下降，应带宝宝及时就医。

妈妈会发现新生儿的指甲长得很快，这是正常现象。

育婴师说

宝宝的指甲

很多妈妈发现新生儿的指甲长得很快，尤其是脚趾甲，这是正常的现象，只要及时给宝宝剪指甲就可以了。

宝宝的身体

新生宝宝跟想象的不太一样，爸爸妈妈快来看看刚出生时的宝宝到底是什么样的吧。

皱皱的皮肤

刚出生的宝宝皮肤皱皱的，全身裹着一层像油脂一样滑腻的物质，这就是胎脂。在宝宝出生后的几个小时内，宝宝的皮肤会逐渐干燥，呈薄片鳞屑状。这种情况会持续几个星期。

肿大的乳房

宝宝出生后3~5天内，可能会出现乳房肿大现象，有时还可看到流出少量乳汁样的淡黄色液体，这也是正常现象。因为妈妈怀孕时，体内分泌了大量雌性激素与催乳素，胎宝宝在子宫里也受到了这些激素的影响。

鼓鼓的小肚子

许多新生儿出生几天后肚子会变得鼓鼓的，爸爸妈妈只要用拇指与食指捏一捏宝宝腹部的皮肤就能发现，宝宝腹壁下面都是厚厚的脂肪。

新生儿头部大大的，随年龄增长，头与身体的比例会越来越接近成人。

宝宝奇怪的头和脸

刚出生的宝宝，头部大大的，头发稀稀的，还会做出奇怪的表情，不少爸爸妈妈对此感到困惑，这难道是因为宝宝发育得不好吗？让育婴师为你解答。

大大的头

宝宝的头部大大的，看起来与身体不相称，但不用担心，随着年龄的增长，宝宝的头与身体的比例会越来越接近成人。

不一样的头发

许多爸爸妈妈都很关注宝宝的头发，总以为宝宝一出生头发就乌黑浓密。其实，并不完全是这样，有的宝宝刚刚出生头发就又多又黑；有的宝宝头发则比较稀薄，还有点发黄；甚至有的宝宝根本就没有头发，这都是正常的。即便没有头发，也不用担心，慢慢就会长出头发的。

囟门

新生儿头上有两个软软的部位，会随着呼吸一起一伏，这就是囟门，是新生儿最娇嫩的地方，也是脑颅的"窗户"。爸爸妈妈们应了解囟门的正常发育过程，学会辨别一些异常现象。

先锋头

自然分娩的新生宝宝头部高而尖，看起来像个"先锋"，俗称"先锋头"。这是由于宝宝出生时，头部受产道挤压，颅骨部分重叠，而致使头皮水肿、充血造成的。随着宝宝成长，"先锋头"在出生几天后就会消失。

干货！干货！

育婴师说

宝宝的囟门

前囟门： 前囟门也叫大囟门，呈菱形，大小为2.5~3厘米，6个月以后开始缩小，1周岁以后逐渐闭合，最迟到1周岁半闭合。

后囟门： 后囟门呈三角形，25%的新生儿在出生时已经闭合，一般在3个月内闭合。

侧囟门： 侧囟门在头颅侧面，共有4个，每侧2个，一般在宝宝出生时或出生后几天内闭合。

"阿普加"评分

"阿普加"评分是在宝宝出生后要接受的一种测评，测评内容包括肤色、心率、对刺激的反应、肌张力和呼吸。

皮肤颜色： 宝宝全身青紫或苍白为0分；身体红，四肢青紫记1分；全身红润润的记2分。

心率： 脉搏很微弱，摸不到为0分；心率每分钟小于100次记1分；心率每分钟大于100次记2分。

对刺激的反应（即反射）： 拍打宝宝的脚底，碰碰宝宝的嘴角，但没什么反应为0分；稍微有一点反应记1分；拍打宝宝脚底时会缩脚，碰宝宝的嘴角会转头张嘴记2分。

肌肉张力： 宝宝的四肢没有力气，软软地伸着为0分；四肢略微蜷曲，偶尔活动记1分；小手小脚都在动，看上去好极了记2分。

呼吸情况： 察觉不到宝宝有呼吸为0分；有呼吸，但是细弱，不规律记1分；呼吸规律且平稳记2分。

"阿普加"评分是判断宝宝是否需要特殊监护的一种方法。

容易被误会的那些情况

宝宝饿了会哭、宝宝睡觉时间长，这些是宝宝会表现出的特有情况，而频繁的呼吸、心脏杂音、有些突出的生殖器官等，却极易被爸爸妈妈误认为是宝宝发育不良。

急促的呼吸

宝宝出生后要适应的第1个变化就是呼吸。宝宝在妈妈子宫内只是练习呼吸动作，并没有真正呼吸。宝宝的第1次呼吸是出生后的啼哭。

由于新生宝宝每次吸气量不足，需要靠加快呼吸速率来补偿吸气量，每分钟呼吸次数可达40~50次，因此常常表现出呼吸不规律的现象，宝宝熟睡时更明显，这其实是正常现象。

血液循环系统

胎儿娩出后，脐血管结扎，肺泡膨胀并通气，卵圆孔功能闭合……这一系列变化使得新生儿在出生后的最初几天，偶尔可以听到心脏杂音，这是新生儿动脉导管暂时没有关闭、血液流动发出的声音，爸爸妈妈不必惊慌失措，不要以为宝宝患了先天性心脏病。

新生儿心率波动范围较大，而且易受摄食、啼哭等因素的影响，爸爸妈妈不要因为宝宝脉搏跳动不均而担心，这是心率波动造成的。

新生儿血液多集中在躯干和内脏，四肢血液较少，所以宝宝四肢容易发冷和出现青紫，需特别注意肢体保暖。

通过观察与互动，来进行一下"阿普加"评分吧。

新生宝宝的大小便

宝宝出生后就开始排泄大小便了，不要以为宝宝没吃没喝就不会排泄，这是他在妈妈肚子里时就存在的代谢废物，在出生后的一两天内就会开始排出。

大便

新生儿大多会在出生后 24 小时内排出墨绿色的黏稠大便。新手爸妈可能会惊讶，宝宝基本没有吃什么东西，怎么会排出大便呢？其实这是胎便，是由胎儿期肠道内的分泌物、胆汁、吞咽的羊水以及胎毛、胎脂、脱落的上皮细胞等在肠道内混合形成的。

胎便一般三四天才会排干净，总量在 150 克左右。如果新生儿出生后超过 24 小时不排便，应该请医生进行检查。胎便中含有大量的胆红素，因此要尽早促成胎便排出，以免新生儿肠道重复吸收胎便中的胆红素，加重新生儿黄疸。

小便

新生儿膀胱小，肾脏功能尚不成熟，每天排尿次数多，尿量少。如果新生儿吃奶少或者体内水分丢失多，或者摄入水分不足，都会出现尿少或者无尿的症状，此时应该让宝宝多吸吮母乳，或喂些水，尿量就会多起来。

新生儿第 1 次的尿量只有 10~30 毫升，在出生后 36 小时内排出都属于正常现象。有些宝宝首次排尿尿液呈砖红色，这与胎儿在子宫内吞食的羊水所含的成分有关，新妈妈不用紧张。

育婴师说

宝宝的脐带

脐带曾是胎宝宝与妈妈相互"沟通"的要道，通过脐静脉将营养物质传递给胎宝宝，又通过脐动脉将废物带给妈妈，由妈妈排泄出去。在胎宝宝出生后，医生会剪断脐带，新生儿将成为一个独立的人。但是残留在新生儿身体上的脐带残端，在未愈合脱落前，对新生儿来说十分重要，一定要护理好。一般在出生后 1~2 周内，新生儿的脐带就会自动脱落并愈合。

日龄（出生日）	小便次数	大便次数	大便颜色
第 1 天			黑色
第 2 天			黑色或墨绿色
第 3 天			棕、黄绿、黄
第 4 天			棕、黄绿、黄
第 5 天			黄色
第 6 天			黄色
第 7 天			黄色

多陪新生宝宝玩耍、说话，有助于促进宝宝的智力发育。

宝宝的感官发育

刚刚出生的宝宝能听、看、闻，具有自己独特的气质和感受。爸爸妈妈了解了宝宝各大器官系统的发育特点，才能更好地与宝宝建立起亲子关系，并利于他的智力发育。

视觉

刚出生的宝宝，双眼运动不协调，有暂时性的斜视。如果有光亮照到眼睛，宝宝会眨眼、闭眼、皱眉。

新生儿不能把头与眼的运动结合在一起，当头被动转向一侧时，眼不能同时随之转动，常常慢一些，这被称为"娃娃眼运动"，此反射活动两三个月后渐渐消失。新生宝宝两眼不能同视一物，6 周后两眼才能同视一物，但要到 4 个月时才能协调得比较好，若 6 个月时双眼仍不能同视一物或斜视，则属于异常情况。

听觉

胎儿娩出时，一部分羊水会进入耳朵，这时宝宝听觉还不是很灵敏。随着宝宝羊水的吸收及听觉的加强，一些突然的声音会引起宝宝的震颤及眨眼反应。

在清醒状态，让宝宝仰卧，头向正前方，用一个摇铃，在距其右耳旁 10~15 厘米处轻轻摇动，发出很柔和的声音，这时宝宝会警觉起来，先转动眼睛，紧接着就会把头转向声音发出的方向，但动作还很慢很弱。有时，他还会用眼睛寻找声源。但如果摇铃发出的声音过强，宝宝就会表示厌烦，头不但不转向声源，还会转向相反的方向。

干货！干货！

新生儿的触觉很灵敏，喜欢妈妈轻抚自己的身体。

味觉和嗅觉

新生儿有良好的味觉，喜欢甜味，不喜欢咸味、苦味、酸味。适当的时候可以给宝宝不同的味道刺激，让宝宝的味道记忆库更加丰富。

刚出生的宝宝还不能分辨出不同的气味，经过几天的母乳喂养，宝宝就能够分辨出妈妈的气味了，对沾有母乳气味的衣物表现出很大的兴趣。当宝宝4个月后，就能比较稳定地区别好的气味和不好的气味了。

触觉

新生宝宝的触觉很灵敏，尤其口周、眼、前额、手掌和脚底。

当妈妈用乳头或手轻轻触碰宝宝的小嘴或口周皮肤时，他会马上出现吸吮动作并将脸转向被触摸的方向。刺激宝宝脚底，他会有收缩的反应。

新生儿对温度、湿度、物体质地和疼痛都有一定的感受能力，例如喝温度过高或者过低的牛奶会让宝宝产生哭闹反应，刚换上的冷衣服或尿湿的衣裤也会让他产生哭闹反应。宝宝喜欢被柔软舒服的被子包裹，喜欢妈妈轻抚他的身体，这种触感会让他感到安全，仿佛回到了在妈妈子宫里被羊水包裹的那段温暖的日子。

干货！干货！

育婴师说

语言能力

新生宝宝正处于前语言理解阶段的无意发音阶段，有时宝宝会发出"ei、ou"等音，他们是在通过语音向你表达不同的情绪。爸爸妈妈在宝宝出生后就可以多与宝宝交流，增强宝宝的语感，这样对宝宝今后语言的发展非常有利。

胎记、罗圈腿，那些看似异常的正常事儿

胎记、罗圈腿，面对这些"异常"情况，新手爸妈都会急着想知道这样是否正常。这里介绍一些新生儿特殊的生理现象，希望对爸爸妈妈有所帮助。

育婴师说
螳螂嘴

新生儿哭的时候，常常可以看见口腔内部两侧颊部各有一个较明显鼓起如药丸大小的东西，有人称其为"螳螂嘴"。这是新生儿正常的生理现象。因为在新生儿吸奶奶水时，颊部脂肪组织的隆起会使口腔内的负压增大，帮助他有力地吸吮。随着吸吮期的结束，"螳螂嘴"也会慢慢地消退。

旧习俗认为"螳螂嘴"妨碍新生儿吃奶，要把它割掉或用粗布擦拭掉。这种做法是不科学的。因为在新生儿时期，口腔黏膜极为柔嫩，比较干燥，容易破损，加之口腔黏膜血管丰富，所以细菌极易由损伤处侵入，发生感染，轻者局部出血或发生口腔炎，重者可引起败血症。

宝宝出现"螳螂嘴"的情况时，爸妈不要私自处理，以免引起感染。

新生儿的"螳螂嘴"和"马牙"都不能割掉或用粗布擦拭。

长"马牙"了

宝宝出生一周内，牙床上或上腭两旁有米粒大小的球状黄白色颗粒，数目不一，看起来像刚刚萌出的牙齿，也像小马驹的牙齿，人们把它称为"马牙"或"板牙"。

原因

出现"马牙"是因为胚胎发育到 6 周时，口腔黏膜上皮细胞开始增厚形成牙板，这是牙齿发育最原始的组织。在牙板上细胞继续增生，形成一个牙胚，以便将来能够形成牙齿。当牙胚发育到一定阶段就会破碎、断裂并被推到牙床的表面，即"马牙"或"板牙"。

处理方法

老辈人认为宝宝的"马牙"需用针挑破或用粗布擦破，实际上这样做是很危险的。因为"马牙"是由上皮细胞或分泌物堆积所致，于出生后数周至数月会自行消失。再加上新生儿本身的抵抗力很弱，一旦损伤了口腔黏膜，就极易引起细菌感染，细菌从破损处侵入，引起炎症，严重的会危及宝宝生命。

在牙床经过一段时间摩擦后，"马牙"便会自行脱离。

育婴师干货分享：宝宝少生病吃得香睡得好长大个

新生宝宝的"异常"

新生宝宝的每一项异常表现，都让新手爸妈觉得不安，看到宝宝口唇发紫，就会怀疑是否为心脏问题；宝宝眼白出血，就觉得会影响视力。很多类似的现象，其实只是新生宝宝表现出来的生理性变化，这些现象很快就会消失。

口唇发紫

新生儿口唇处出现青紫与新生儿体内血红蛋白含量高有关。这是正常的生理现象，一般一周后即可消退。如果没有消退，爸爸妈妈要请医生诊断是否属于病理性的青紫。

新生儿病理性的口唇发紫最主要的原因是缺氧，如新生儿肺炎、先天性心脏病、伤寒、高热惊厥等都可能引起缺氧。新手爸妈要注意观察，如果宝宝除了口唇发紫外，还伴有其他异常症状，就要及时送往医院。

眼白出血

新手爸妈看到宝宝眼白出血后，不要惊慌，这是由于头位顺产的新生儿娩出的时候受到妈妈产道的挤压，视网膜和眼结膜会发生少量出血，俗称"眼白出血"。这是一种常见现象，一般几天以后宝宝就会恢复正常。

脱皮

几乎所有的新生儿都会有脱皮的现象，只要宝宝饮食、睡眠都没问题就是正常现象。

脱皮是因新生儿皮肤最上层的角质层发育不完全而引起的。此外，新生儿连接表皮和真皮的基底膜并不发达，使表皮和真皮的连接不够紧密，造成了表皮的脱落。这种脱皮的现象全身都有可能出现，但以四肢、耳后较为明显，只要在宝宝洗澡时使其自然脱落即可，无须采取特别保护措施或强行将脱皮撕下。若出现脱皮合并红肿或水疱等其他症状，则可能为病症，需要就诊。

育婴师说

皮肤红斑

宝宝出生后1周左右，皮肤上可能会出现形状不一、大小不等的红斑，遍布全身，以面部和躯干较多，颜色鲜红，按压后褪色，斑与斑之间有正常皮肤。多数新生宝宝出现红斑时，精神良好，体温、进食都正常。

遇到这种情况，新手爸妈先别着急，这是由于宝宝出生后，皮肤接触外界空气、温度、光等刺激而出现的正常反应。一般出现两三天后会自然消退，不需要任何治疗。

新生儿初期的"异常"，有些会自己消失，如口唇发紫、脱皮等现象。

易被误认为宝宝身体不好的现象

体重下降

宝宝体温波动、排便费力等问题，往往会让爸爸妈妈认为宝宝的身体状况不好，甚至可能正在生病。其实不然，这些情况是宝宝在发育过程中需要经历的一个阶段。

"宝宝体重怎么没有长？"细心的妈妈抱宝宝或给宝宝称体重时，发现宝宝体重与出生时没有太大差别，于是心急如焚。其实这是正常现象。由于宝宝出生后排出了大小便，通过呼吸及出汗排出了一些水分，故在出生后的2~4天内体重有所下降，较刚出生时体重减轻6%~9%，这称之为生理性体重下降。随着妈妈泌乳量的增加，宝宝的进食量随之增加，体重才会慢慢增长。所以出生几天后称重时发现宝宝体重与出生时不相上下，或稍微低于出生时的体重都是正常的。只要按照科学的喂养方式及时哺乳并细心护理，宝宝的体重一般会在出生后10天左右恢复到出生时的水平，以后则会迅速地增长。早哺乳、早开奶、早吸吮是预防生理性体重下降的有效措施。

宝宝出生后几天内体重较出生时下降6%~9%，是正常的。

体温波动较大

新生儿的体温调节中枢尚未发育完善，所以体温的波动也较大，新手爸妈不用担心。感受到凉意时，新生儿不会像大人一样颤抖，只能依赖脂肪产生热量，但新生儿的皮下脂肪薄，所以衣物穿少了可能使体温过低，穿多了可能引起暂时性的轻微发热。因此，要保持新生儿体温正常，应让他处于温度适中的环境内。

肚脐外突

一般来说，即将分娩时，胎宝宝的肚脐孔会自然闭合，但也有胎宝

宝是在肚脐孔尚未闭合时出生的。肚脐孔尚未闭合的宝宝，一用力，就会因腹压增高而使肚脐外突。突脐对宝宝的健康没有什么不良影响，无须特殊治疗，肚脐孔也会随着身体的发育自动闭合。

老放屁

第一次听到刚出生的宝宝放屁，新手爸妈大多会感觉到新鲜有趣，之后一旦发现宝宝不仅会放屁，而且放屁次数还很频繁、声音很大，新手爸妈又会开始担心。其实新生儿放屁是正常现象，等到消化系统成熟后，放屁的频率就会降低，声音也就不会那么大了。

排便用力

宝宝有时候大便很用力，经常因屏气涨得面部发红，伸臂、仰头、皱眉，甚至发出特殊的声响，有些新手爸妈误认为宝宝便秘了，抱着宝宝去看医生。其实这也是一种正常现象，宝宝出现这种情况，是因为神经系统发育还不健全，对各种肌肉群的调节和控制还不准确，往往是一处用力而引起全身用力。随着新生儿的生长发育，这种状况会消失的。

妈妈要每天给宝宝清洗屁股及生殖器。

育婴师说

洗护小屁股

宝宝每天都穿着纸尿裤，尿液便会较长时间接触到皮肤，妈妈要每天给宝宝清洗屁股及生殖器。清洗时注意水温，应控制在 40℃以下，理想的水温是接近体温的 37℃。

宝宝的生殖器官有些奇怪

　　很多爸爸妈妈在给新生宝宝进行日常护理的时候，会发现宝宝的生殖器官与印象中的不同。例如，宝宝的乳房看起来有些膨大，有的还会出现泌乳现象；男宝宝的阴囊、阴茎和女宝宝的阴唇都显得比较大。这多是由于在孕期受孕妈妈体内激素的影响，出生后，宝宝的这类情况会自动恢复。

乳房肿大、泌乳

　　新生儿乳房肿大和泌乳是一种生理现象，无须特殊处理。无论男宝宝还是女宝宝，在出生后几天内都可能出现泌乳或乳房肿大，这是胎宝宝在孕妈妈体内受到母体中高浓度的胎盘生乳素等激素的影响，使乳腺增生造成的。

　　老一辈人认为，新生儿乳房隆起，应将乳汁挤出来，尤其是女婴，认为此时不挤乳头，长大后会形成乳头凹陷。事实上，为新生

女婴挤乳汁不是预防乳头内陷的方法，乳头是否内陷与此毫无关系。而且挤乳汁的做法是十分危险的，容易引起乳腺组织发炎。

　　新生儿乳房肿大无须特殊处理，一般出生一两周后，新生儿体内的激素水平逐渐降低，最后全部分泌并排出体外，乳房肿大的现象也就自动消失了。

隐睾

　　有男宝宝的家庭要特别留意一下宝宝是否有隐睾。隐睾是指

男宝宝出生后单侧或双侧睾丸未降至阴囊而停留在其正常下降过程中的任何一处，也就是说阴囊内没有睾丸或仅一侧有睾丸。大多数足月新生儿，出生时睾丸就已经下降到阴囊中了。如果睾丸很久都没下降，就要及时看医生，以免影响宝宝睾丸的发育。

宝宝的生殖器官看起来有些肿是正常的，平时注意清洁，保持洁净即可。

宝宝的呼吸

新手爸妈有时会盯着宝宝睡梦中的样子，听听他轻微的呼吸声。可是，宝宝的呼吸怎么有时快有时慢呢，是不是出现了问题？

爸爸妈妈不要着急，详细了解一下新生儿的呼吸特征就会恍然大悟的。

宝宝在妈妈肚子里的时候基本用不着自己呼吸，但是出生以后就不一样了，宝宝要学着独立了。出生后宝宝憋足了平生最大力气，用力吸了第一口气，然后再经过几次调整，呼吸就正式开始了。

初生宝宝的呼吸运动比较浅，呼吸频率快，每分钟40~50次，而且呼吸一般都不稳定，经常会出现一阵快速的呼吸，继而又变得缓慢，有时还有短暂的呼吸暂停，新手爸妈不用担心，这是正常现象。

> 新生宝宝的呼吸系统还在适应阶段，会出现呼吸不稳现象。一般经过半个月，宝宝的呼吸就会变得正常。

宝宝的"怪异"表现

爸爸妈妈总是期待宝宝能够与自己互动，在自己和宝宝说话的时候，宝宝能够做出反应，可是在看到宝宝出现打嗝、咂嘴、手脚抖动的"怪模样"时，就会开始担心，是不是宝宝哪里出现了问题？其实，很多"怪异"的表现，都是宝宝在发育过程中的正常现象。

呼吸有"叽叽"声

有的新生宝宝呼吸时伴随着"叽叽"的声音，新手爸妈很担心这是疾病。其实，这是因为新生宝宝喉头很软，呼吸时喉头部位部分变形引起的。随着宝宝的成长，喉头骨骼变硬，这种声音就会消失。

打嗝

宝宝出生后的几个月内，一直都会比较频繁地打嗝，这是由于宝宝的横膈膜还未发育成熟。此外，有时打嗝是由于宝宝过于兴奋，或者是由于刚喂过奶。当宝宝三四个月时，打嗝就少多了。若家中的宝宝持续地打嗝，可以喂宝宝喝一些温开水，以止住打嗝；也可以弹脚心，让宝宝哭几声，哭声停止了，打嗝也就随之停止，父母不用太心疼。

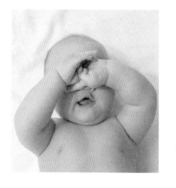

老是攥着拳头

有些细心的新手爸妈会发现，宝宝的手老是攥着拳头，攥拳的样子又和成人不一样，总是拇指和掌心贴在一起，其他的4个指头压住拇指。爸爸妈妈试图掰开宝宝的手，尤其是掰拇指，总是要费点儿力气，所以误以为宝宝有什么疾病。

新生儿老是攥着拳头不是病，是由于大脑皮质发育尚不成熟，手部肌肉活动调节差，造成了屈手指的屈肌收缩占优势，而伸手指的伸肌收缩相对无力，表现出来就是紧握两个小拳头。随着宝宝的成长，这种现象会逐渐好转，一般6个月后基本消失。

宝宝会手脚抖动

一些出生不久的新生儿手或脚常常会不由自主地抖动，尤其是在换衣服或洗澡时多见，这算不算抽搐呢？将来会不会影响宝宝的智力发育？

新手爸妈不用担心，这是因为新生儿的大脑发育还很不完善，但是大脑皮质以下负责动作的脊髓在功能上却已经相对比较完善。新生儿有一些动作是受脊髓支配，而不是受大脑皮质控制，所以常常会出现不自主的、无目的性的抖动，这是正常现象，不会影响智力的发育。以后随着宝宝年龄的增长、大脑发育的不断完善，这种现象会减少，并逐渐消失。

宝宝老打喷嚏

新生儿鼻腔血液运行较旺盛，鼻腔小且短，外界的微小物质如棉絮、绒毛或尘埃等都可能会刺激鼻黏膜引起打喷嚏，这也可以说是宝宝自行清理鼻腔的一种方式。遇到这种情况，妈妈可以用手指肚给宝宝轻轻揉鼻翼。只要宝宝没有其他异常反应就不必太担心。

需要注意的是，平时还要观察室内空气相对湿度，如果室内空气太干燥也可能导致宝宝打喷嚏。如果屋内的空气过干，建议多给宝宝喝水，最好使用加湿器或是在屋内放置几盆清水，增加屋内的湿度。如果宝宝经常打喷嚏的症状总是不见改善，父母就要多注意，很可能是宝宝对某种东西过敏引起的，比如花粉、灰尘、化纤类等。

面部表情有怪相

新生儿会出现一些令父母难以理解的怪表情，如空吸吮、皱眉、咧嘴、咂嘴、偷笑等，爸爸妈妈没有经验，会认为这是宝宝"有问题"，其实这是新生儿的正常表情，与疾病无关。但是当宝宝长时间重复出现一种表情动作时，就要及时看医生了，以排除抽搐的可能。

父母要细心观察宝宝的表情，学会区分宝宝的正常和非正常面部表情，这样才能照顾好宝宝，及时发现问题，让宝宝健康成长。

干货！
干货！

育婴师说
"惊跳"反射

宝宝在睡觉时，一有动静就会吓得全身紧缩，新手爸妈以为宝宝睡得太轻，所以不敢在屋内大声说话，走路也轻手轻脚。其实宝宝的这种反应属于"惊跳"反射，是神经系统还没有发育完善的结果。所以出现这种现象时新手爸妈不要担心，给些轻柔的安抚，宝宝会继续睡觉的。

偷笑、咧嘴、咂嘴、皱眉
都是新生儿的正常表情。

育婴师纯干货——新生儿生理现象关键词

面对新生宝宝，很多爸爸妈妈都不知道宝宝该是什么样子，每当看到宝宝的身上出现了一些"小异常"，就开始担心这担心那的。其实，新生宝宝和我们所想的是不一样的，这里就来给爸爸妈妈们盘点一下相关知识吧。

1 黄疸： 大部分足月的宝宝在出生后两三天会出现皮肤发黄的症状，即"黄疸"。新生儿黄疸多出现在宝宝的颈面部、躯干、四肢，表现为轻度发黄，一般会在出生后7~10天开始消退。这属于正常的生理现象，并不需要进行任何治疗。

2 口唇发紫： 新生儿口唇出现青紫与新生儿体内血红蛋白含量高有关，这是正常的生理现象，一般会在一周后消退。如果没有消退，则需要注意是否为病理性原因引起的，应及时去医院检查。

3 腿不直： 新生儿生下来后，腿都不直，常会有"内八脚"和"罗圈腿"的表现，这是由于宝宝在子宫内空间有限，胎儿长期以双腿交叉蜷曲、臀部和膝盖拉伸的姿势生长所致的，等宝宝长到3个月的时候，这种现象自然会消失。

4 打喷嚏： 新生儿鼻腔小且短，若有外界的微小物质如棉絮、绒毛或尘埃等便会刺激鼻黏膜引起打喷嚏，这也是宝宝自行清理鼻腔的一种方式。此时，妈妈可以轻轻揉宝宝的鼻翼。

5 眼睛斜视： 刚出生的宝宝由于经过产道的挤压，眼睑部位会有些水肿，表现出眼睛斜视的情况，此现象在出生两三天后，随水肿情况减轻而逐渐消失。

6 干哭无泪： 宝宝虽然是哭着来到这个世界上的，但其实是没有眼泪的，因为此时新生儿的泪腺所产生的液体量很少，仅能保证他的眼球湿润。而且，在宝宝出生时，其泪腺是部分或全部封闭的，要等几个月后才能完全打开。

7 脱皮： 几乎所有的新生宝宝都会脱皮，不管是轻微的皮屑还是像蛇一样脱皮，只要宝宝的饮食、睡眠都没问题就是正常的，若出现脱皮合并红肿或水疱等其他症状，则可能是病症，需要诊治。

8 足底扁平： 正常的新生儿其实都是扁平足，等到宝宝4~6岁时足弓发育好后，扁平足自然会消失。如果宝宝在头几个月中就有很高的足弓，反而是一种不良信号，它预示着宝宝可能存在神经或肌肉方面的问题。

9 "假月经"： 有些女宝宝的爸爸妈妈会发现，刚出生的女婴就出现了阴道流血情况，这其实是一种正常的生理现象。由于胎儿在母体内受到雌性激素的影响，女宝宝的阴道上皮增生，阴道分泌物增多，子宫内膜增生，在宝宝出生后，雌性激素水平会渐渐下降，子宫内膜就会脱落，出现类似月经现象。此现象一般出现在宝宝出生后3~7天，大约会持续一周。

10 青色胎记： 正常的新生宝宝会在腰骶部、臀部及背部等处有肉眼可见的大小不一、形状不规则、不高出皮肤的青灰色"胎记"。这是东方人所特有的现象，是由于特殊的色素细胞沉积形成的，大多在宝宝4岁前会慢慢消失，有的也会稍微延时，这都是正常的。

11 "马牙"： 宝宝出生3~5天，口腔内牙床上或上腭两旁有像米粒大小的球状黄白色颗粒，人们将这种现象称为"马牙"。这是由于胚胎发育6周时，口腔黏膜上皮细胞增厚所致，是正常现象，不需要医治，新手爸妈也不要用针挑破或用布擦拭。

育婴师说 绑腿

干货！干货！

新生儿生下来后，常会有内八脚和罗圈腿，有些旧习俗会用捆绑的方式纠正，其实这是不对的。长时间的绑腿不仅限制了宝宝的活动，减少了腿部运动，还不利于下肢血液循环，影响宝宝腿部发育。另外，如果捆绑过紧，易使皮肤皱褶多的地方不透气。造成宝宝腹股沟、臀部等处的皮肤糜烂。

睡眠问题

　　睡眠是宝宝生活中最重要的内容之一，新生儿
每天有 18~20 小时的睡眠时间，睡眠总时长会随
着月龄的增长而逐渐减少。宝宝在睡眠的
过程中逐渐成长。所以从新生儿时
期开始，就要掌握宝宝的睡
眠节奏，及时纠正不
良习惯。

给宝宝一个优质的环境

宝宝安睡，妈妈省心，家人更放心。宝宝睡眠时间充裕，有利于身体的发育。爸爸妈妈应给宝宝创造一个良好的睡眠环境，让宝宝能安然入睡。

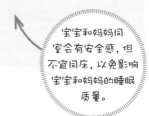

营造良好的环境，有助于宝宝有个好睡眠。

舒适的睡眠环境

睡眠对宝宝的健康成长和智力的正常发育是极为重要的。睡眠不足，宝宝会烦躁不安，食欲缺乏，以致影响体重的增长，而且还可能造成抵抗力下降而易生病。保证宝宝良好睡眠的前提是有一个良好的睡眠环境，妈妈可从以下几方面进行改善：

卧室空气宜新鲜

夏季应开门窗通风，但应避免宝宝睡在直接被风吹到的地方；冬季也应根据室内外温度，定时开窗换气。新鲜的空气会使宝宝入睡快，睡得香。父母不要在室内吸烟，以免污染空气，造成宝宝被动吸烟。

音乐可以促进宝宝睡眠

宝宝睡前放些轻缓的催眠曲，或妈妈哼宝宝平时喜欢的歌谣，都能帮助宝宝进入睡眠的状态。

室温适宜

室温要适中，保持在16~23℃，室内温度过低、过高或保暖过度，都会使宝宝不舒服而不能很快入睡。

睡前不宜剧烈运动

睡前禁止宝宝做剧烈活动，以免引起宝宝过度兴奋，难以入睡。

卧室有睡觉的气氛

卧室要有睡觉气氛，拉上窗帘，灯光要暗一些，调低收音机、电视机的音量。被、褥、枕要干净、舒适，与季节相符。

选好床品

爸爸妈妈提前给宝宝选好床品，宝宝睡得舒服，才能长得更好。

婴儿床

宝宝在最初的 6 个月中，都会睡在爸爸妈妈的卧室里，建议爸爸妈妈选择一款与你们的床同高、一侧护栏可以卸下的婴儿床，这样就可以把婴儿床紧挨着你们摆放，更加方便照顾新生宝宝了。

婴儿床要提前买好

宝宝的小床最好提前购买，并放到阳台上通风散味，在宝宝出生前就将家里布置好，这样家人就可以在宝宝出生后将时间投入到陪伴孩子的过程中。一个干净整洁、井井有条的环境令人愉悦，可以协助全家创造出安宁舒适的生活空间，更有助于宝宝有序地适应世界。

床单

可以为宝宝准备三四条棉质床单，以方便清洗、快干、不需要整烫为原则。最好使用白色或浅色的床单，以便及时查看宝宝的大小便颜色。

隔尿垫

在宝宝床单下垫一层防水的隔尿垫，这样即使宝宝尿湿了床，只需要换上新的床单就可以了，可以大大减少清洗被褥的劳动量。

睡袋

再大一些的宝宝可以使用睡袋，能防止宝宝踢开被子导致着凉。这样，爸爸妈妈晚上也不用为担心宝宝踢被子而经常查看。

提前给宝宝选好床品，宝宝睡得好，才能长得好。

干货！干货！

育婴师说

其他床品选择

宝宝的被褥一定要柔软蓬松，透气性好。不过也不能太蓬松，以免宝宝深陷其中，不利于脊椎发育。儿童床以木板床和较硬的弹簧床为宜，铺上棉质的褥子做床垫即可。不建议使用 5 厘米以上厚度的海绵垫，否则会因宝宝的汗水、尿液累积在海绵垫内无法挥发而导致生痱子等皮肤病症。

育婴师说
宝宝的枕头

刚出生的宝宝一般不需要使用枕头，因为新生儿的脊柱是直的，头部大小几乎与肩同宽。平躺时，背部和后脑勺在同一平面上；侧卧时，头和身体也在同一平面上。平睡侧睡都很自然。如果给宝宝垫上一个小枕头，反而造成了头颈的弯曲，影响了宝宝的呼吸和吞咽。

但如果床垫比较软、穿的衣服比较厚，妈妈可以将干净毛巾对折2次，垫在宝宝的头下方。溢乳的宝宝，也不可用加高枕头的办法解决，应让宝宝右侧卧，把上半身垫高些。

等3个月后，宝宝会抬头时，脊椎弯曲，肩部也逐渐增宽，这时候就可以开始考虑用枕头了。但还是需要注意枕头的高度，以免影响宝宝呼吸及脊柱发育，枕头的高度以2~4厘米为宜。

刚出生的宝宝不需要用枕头，以免影响呼吸。

育婴师说
宝宝不睡中间

爸爸妈妈在睡觉时不要把宝宝放在中间。因为在人体中，脑组织的耗氧量非常大。宝宝睡在父母中间，就会使宝宝处于一个极度缺氧且二氧化碳非常多的环境里，使宝宝出现睡觉不稳、做噩梦以及半夜哭闹等现象，间接妨碍了宝宝的正常生长发育。

做好睡前准备

做好入睡前准备，使宝宝意识到"我应该睡觉了"。这些准备活动对每个宝宝都不一样，有的宝宝喜欢在睡前洗个热水澡，使全身放松，然后换上舒适、宽松的睡衣。

干干净净睡觉

在睡前，给宝宝洗个热水澡，再给宝宝换上干净尿布，将宝宝放入睡袋中，避免踢掉被子受凉，这样会让他感到很舒服，更易入睡。冬天寒冷不能每天洗澡时，可在睡前洗脸、洗臀部、洗脚等。

吃饱了再睡觉

不要让宝宝在睡眠中感到饥饿，睡前半小时应让宝宝吃饱，较大的宝宝可在晚餐时吃一些固体食物，如稠一点的稀饭、面条等。但也不要过饱，否则同样会睡不实。

睡前催眠曲

睡前不要让宝宝太兴奋，可经常在入睡前播放一些轻松、优雅的音乐，以形成睡眠条件反射，使宝宝一听到音乐就有了睡觉意识。但是应避免频繁更换催眠曲，否则会让宝宝对新歌曲产生兴趣，不利于睡眠。

不用给宝宝盖太厚

宝宝对冷暖调节能力差，衣着起着辅助调节作用。宝宝在夜间睡着后，爸爸妈妈应该注意不要给宝宝盖得太多、太厚，以免宝宝感觉燥热，踢被子，这样反而更容易着凉感冒。

2个月内穿着适量

爷爷奶奶一辈的人总认为宝宝怕冷，其实宝宝新陈代谢旺盛，比大人怕热。一般来说，2个月内的宝宝可适当多穿一点，但一定要把握合适的度。最好是2个月内跟大人穿相同数量的衣物，再大些就要比妈妈少穿一件。但考虑到大人经常在动，而宝宝经常躺着，所穿衣物可以稍微加一点。

6个月以后适当减量

等到宝宝好动的时候，大概6个月以后，就可以适当减量。因为穿太多，宝宝又爱动，出汗后受风就很容易感冒了。就算没出汗，捂习惯了，从小就成了温室里的花朵，保护过度，体质也不会太好。给宝宝加减衣物，可以摸摸宝宝后脖颈来判断冷热，如果后脖颈出汗就说明宝宝穿多了。手脚稍微冷点是正常的，如果很凉再加点衣服便可。

除非是早产儿的前几个月或其他体质差、比较瘦弱的宝宝，身体实在没有足够的脂肪来保护的情况下才要特别保暖。

干货！干货！

育婴师说

宝宝要睡多久

新生儿每天睡18~20小时是很正常的现象，随着月龄的增长和身体的发育，宝宝玩耍的时间会慢慢加长，所以睡觉的时间也开始慢慢缩短，到两三个月时会缩短到16~18小时，4~9个月缩短到15~16小时，1岁时才能逐渐形成午睡1次，晚上睡整晚的基本生活规律。

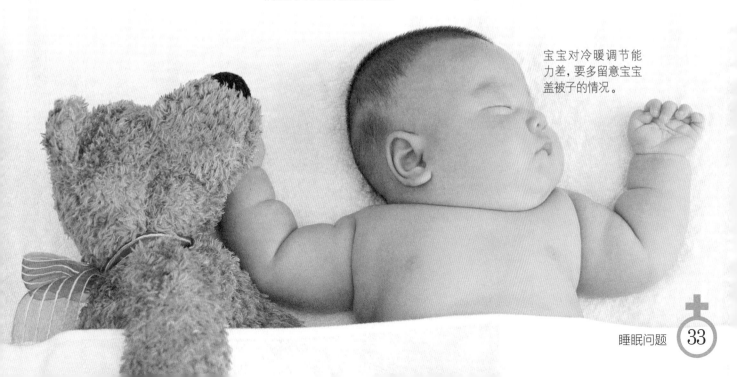

宝宝对冷暖调节能力差，要多留意宝宝盖被子的情况。

宝宝的房间要空气好

宝宝的免疫力通常都比较弱,为了保证宝宝能呼吸到新鲜空气,避免发生疾病,促进其健康成长,妈妈要经常给宝宝的房间开窗通风。

避免温差过大

为避免房间温差过大,宝宝和妈妈可以先换到别的房间,然后给房间通风换气,之后再回到原房间。

如果房间比较大,气温又高,室内空气不好时,可以开一点窗,但不要对着人,让空气能有一定的流动空间。但要注意,不要长时间开窗户,也不建议频繁开窗户。一般每天要通风3次,每次20~30分钟。开窗户的时间最好在早晨九十点钟、中午一两点钟、晚上八九点钟3个时间段。

可以使用空调

夏季天气太热时,可以适当开空调,但是要注意温度和湿度,并且不要长时间开着空调,注意定时关闭空调,开窗通风换气。冬季空气太干燥时,需要用加湿器,防止宝宝上火,引发各种疾病。

夏季空调温度不要开得太低,使室内外温差不超过7℃,如果空调房间内温度很低,长时间处在这样的环境中,宝宝的身体健康就会受影响。气流速度维持在0.2米/秒(低速),风速过高会超过宝宝的承受能力。夜间睡眠,千万不要让宝宝睡在风口下,尤其不要让风口对着宝宝的头部和足底,否则会引起感冒。

宝宝睡着后别开空调

夏天开空调睡觉,在宝宝睡着后,妈妈一定要将空调关掉或者将温度调高。因为宝宝免疫能力弱,温度调节功能发育还不完善,睡着之后,如果室内保持很低的温度,会让宝宝患上感冒。

及时调节空调温度,避免风速过高超过宝宝的承受能力。

如果温度很低，可以适当给宝宝加一层轻薄的被子保暖。

宝宝睡觉时穿什么

宝宝睡觉时需要穿衣服吗？应该穿什么？这个问题困扰了很多妈妈。其实，只要妈妈掌握了穿衣原则，就不会为宝宝睡觉穿什么而发愁了。

根据气候情况决定

夏天，很多人晚上睡觉都会开风扇或者空调来降温。在宝宝睡觉时，应该给他穿一件背心或肚兜，用来保护胸部、腹部，而两只手可以暴露在外。下身穿一条短裤，这样就算宝宝不盖被子或踢了被子，身体也不会完全暴露在外，从而减少受凉的机会。

冬天，建议给宝宝穿上棉质的睡衣，准备一个宽松的睡袋，这样宝宝既不会感觉很拘束，又解决了妈妈半夜起来给宝宝盖被子的烦恼。如果温度很低，可以适当给宝宝加一层轻薄的被子保暖。

根据宝宝月龄来定

新生儿：抵抗力比较弱，温度调节功能尚不完善。冬季给宝宝穿棉质薄睡衣，裹上抱被，如果觉得冷可适当加盖薄被或毛毯。夏季，给宝宝穿上棉质薄的短袖、短裤睡衣即可。如果开了空调，则要盖上肚子，以免腹部着凉。

婴儿：冬天穿上薄棉睡衣，套上背心式睡袋，盖上薄被即可。夏天可穿肚兜或只穿纸尿裤。

干货！干货！

育婴师说

警惕闷热综合征

新生宝宝代谢较快，易出汗，睡觉时被褥内温度高，湿度大。如果睡觉时穿很厚的衣服，容易诱发"闷热综合征"。宝宝得了闷热综合征后，一般表现为40℃以上的高热、脸色苍白、全身大汗淋漓、有脱水表现，家长要及时带宝宝就医，否则宝宝就会有生命危险。

给宝宝选个好睡袋

很多爸爸妈妈担心宝宝睡觉时蹬开被子使腹部受凉，所以经常用被子把宝宝包得严严实实，有时还会用几根带子捆上，这样不利于宝宝四肢的发育。为了让宝宝能睡个好觉，又不限制宝宝的发育，爸爸妈妈可以给宝宝选一款舒适、温暖的睡袋。

睡袋款式

抱被式的睡袋：这种睡袋也是非常顺手的小抱被，比较适合周岁内的宝宝。这款睡袋在领口的设计上会多出一块带拉链的长方形棉垫，将它拉起的时候就成了挡风的小帽子，展开后可做柔软的小枕头。

选择一款舒适的睡袋，既能让宝宝睡好觉，又不限制宝宝发育。

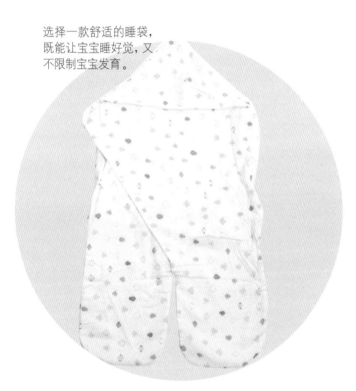

睡袋的领口处经常会往里收一些，这样宝宝的颈部就不会进风受凉了。抱着宝宝外出时，可将宝宝包裹在睡袋中，然后放进宝宝车。宝宝既舒适又暖和，妈妈也省了很多力气。妈妈也可以多带一条小毛毯备用，当感到宝宝冷的时候可以披盖在睡袋外面。

背心式、带袖睡袋：这两款睡袋有的还有加长的设计，0~5岁的宝宝都适用。宝宝睡觉的时候可将手臂露在睡袋外面，既适合他投降似的睡姿，又能帮助调节体温，而且也不必担心他受凉。如果妈妈担心宝宝手臂受凉，也可选择带袖的睡袋。另外，背心式睡袋因为填充物不能灵活取出，要整体洗涤，多次洗涤后保暖性会有所下降。带袖式睡袋有的在设计上采用了可脱卸的增厚内胆设计，在洗涤上就方便多了。

长方形睡袋：这款睡袋的设计比较宽大，侧面拉链，展开后可以当小被子用，内胆可以按需要拆卸，有的也带有帽子。这款睡袋比较适合那些睡觉较乖的宝宝，用的时间会比上两款的长久些。妈妈如果选择这款睡袋，最好选择那种带护肩的，以免宝宝肩部着凉。

睡袋款式的选择

建议选择下方封口的睡袋，如果宝宝不老实的小腿露出来的话，这样就不会因把被子踢掉而受凉。开口设计为拉链的睡袋不容易散开，按钮或者纽扣都有空隙，宝宝的小脚会从中间伸出来，特别是按钮的，还会被蹬开。

睡袋的材质

内层：内层的面料基本都是采用 100% 纯棉。这种面料既柔软又结实，可以直接接触宝宝的肌肤。

填充物：睡袋中层的填充物为 100% 纯棉，轻便且保暖，可整体洗涤不变形，羽绒和蚕丝材质的都不是宝宝睡袋的首选。其中以蚕丝材质的最不适宜给宝宝用，不是很舒适。

外层：外层面料也要是纯棉的。

睡袋的花色

考虑到现在布料印染中的不安全因素，建议妈妈尽量给宝宝选择白色或浅色的单色内衬的睡袋。尽可能地避免一些不必要的污染。

睡袋的做工

选择睡袋时，除了看睡袋的标识外，还要特别注意一些细小部位的设计，比如拉链的两头是否有保护，要确保不会划伤宝宝的肌肤。睡袋上的扣子及装饰物是否牢固，睡袋内层是否有线头等。

睡袋的尺寸

给宝宝选择合身的睡袋才是最好的。而从经济角度来讲那种可加长型的睡袋更好点。一个质量好的睡袋用上两三个冬季是没有问题的，加长型的睡袋可以根据宝宝的个头做适当的调整，非常经济实用。

睡袋的数量

为宝宝准备 2 条就够用了。多数妈妈在晚上都会选择给宝宝穿纸尿裤，宝宝尿床的机会很少，所以有 2 条替换使用就可以了。

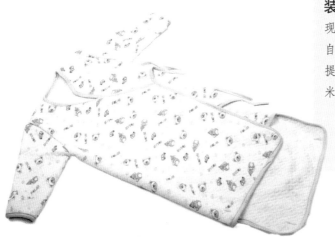

育婴师说

防止会翻身的宝宝掉下床

宝宝会翻身之后可能经常会从床上掉下来，这是很多妈妈担心的问题。宝宝滚下床不仅会伤害宝宝娇嫩的皮肤，更严重的还会伤害到宝宝头部，因此妈妈一定要掌握一些不让宝宝滚下床的小方法。

在床边的地板上铺上软垫

这样万一宝宝不小心掉下床，也不至于直接撞在地板上导致受伤。

移除婴儿床周边的杂物，尤其是尖锐物品

如果婴儿床附近有家具的棱角（如柜子或桌角），应该在转角上加装软垫，或者用布将尖锐的角包裹起来。

装上护栏

现在的婴儿床一般都装有护栏，如果没有，爸爸妈妈可自己在婴儿床边加装护栏，以免宝宝不小心跌落。此外，提醒爸爸妈妈，婴儿床护栏的间隔距离必须小于 10 厘米，才不会出现宝宝头部被卡住的危险情况。

婴儿床不要放在有高度差的地板边缘，以避免因床不稳导致宝宝受伤。

好的睡眠习惯很重要

宝宝的健康与睡眠有密切关系。爸爸妈妈要在保证宝宝充足睡眠，满足宝宝生长发育需要的前提下，着手培养宝宝的良好睡眠习惯，以便宝宝能轻松入睡，家人更省心。

认识宝宝的6个睡眠阶段

刚出生的宝宝睡眠时间很长，往往每天要睡上 18~20 个小时，这期间，宝宝会经历几个不同的睡眠阶段。随着宝宝的逐渐成长，睡眠时间会渐渐缩短，睡眠阶段也会更明显地表现出来，爸爸妈妈一起来认识宝宝的这 6 个睡眠阶段吧。

1 睡眠准备阶段：宝宝从上床开始到进入睡眠状态，大概需要 30 分钟的时间，也就是宝宝逐渐入睡的阶段。

2 深度睡眠阶段：宝宝入睡后逐渐进入深度睡眠状态，全身放松。这个时候，即使爸爸妈妈抱宝宝或者触碰他，宝宝也不会醒来。

3 宝宝神经系统兴奋：这个阶段，宝宝的神经系统开始兴奋起来，尽管宝宝是睡着的状态，但他的眼睛在迅速转动，他会将白天所学到的牢记心中。

4 进入安静的睡眠：此阶段，宝宝逐渐恢复安静，呼吸均匀，睡眠质量较好。这时，爸爸妈妈千万不要去打扰他，也不要为宝宝的一点小动作而惊扰他。

5 浅睡眠状态：这个阶段，宝宝可能会做梦，他的大脑皮层会很活跃，宝宝有时会因受到惊吓而突然醒来。

6 宝宝睡眠结束：这个时候，宝宝的睡眠结束了，经过了充足的睡眠，他的体力和精神都已经恢复到较好的水平，也就又有精力了。

调整好宝宝的睡姿

宝宝的睡眠质量与睡姿有很大的关系，但刚出生不久的宝宝还不能自己控制和调整睡姿，为了保证宝宝拥有良好的睡眠，爸爸妈妈可以帮助宝宝选择一个好的睡姿。

仰卧睡姿

优点：不必担心宝宝会窒息，口鼻直接向上接触空气，一般也不会有外物遮挡而影响呼吸。可直接观察宝宝的睡眠状况：口鼻是否有过多分泌物；有没有呕吐；有怪异表情或脸色不正常等均可立即发现，并采取措施。四肢活动灵活，不受局限，使宝宝睡眠比较放松、自在。

缺点：易发生呕吐，仰卧时，胃的生理结构容易使胃内物回流食道造成呕吐；而且吐出物不易流出口外，会聚积在咽喉处，容易呛入气管及肺，发生危险；心理上安全感较小，不易熟睡；胸腹部皮肤较薄易散热，如果没有采取适宜的保暖措施，容易使宝宝着凉。

俯卧睡姿

优点：这可让宝宝熟睡时更有安全感，从而减少哭闹，有利于宝宝神经系统的发育；有益于胃的蠕动及消化；还可使宝宝受抬头挺胸的带动，锻炼颈部、胸部、背部及四肢等大肌肉群，进而有利于宝宝翻身和爬行的训练。

缺点：因为宝宝的头较重，而颈部力量不足，所以在不会自如地转头或翻身时，宝宝的口鼻易被枕头、毛巾等堵住，就会造成窒息，甚至危及生命；胸腹部紧贴床铺，不易散热，容易引起体温升高，或者由于汗液积于胸腹而产生湿疹。另外，趴着睡时，宝宝的四肢不易活动。

侧卧睡姿

优点：右侧卧可减少呕吐或溢奶，因为胃的出口与十二指肠均在腹部右侧；可帮助肺部痰的引流；侧卧可以改变咽喉软组织的位置，减少分泌物的滞留，使宝宝的呼吸更顺畅，也就不会打鼾了。

缺点：维持姿态比较累，需要用枕头在前胸及后背支撑，左侧卧易引起呕吐或溢奶。

干货！干货！

育婴师说
正确睡姿

正确的睡眠姿势，应提倡侧卧和仰卧睡姿相结合，也可让宝宝短时间俯卧睡一会儿。爸爸妈妈要经常帮助宝宝变换睡眠姿势，这样既可避免头颅变形，又能提高宝宝颈部的力量。宝宝会翻身后，自己会找到自己最习惯、最舒适的睡眠姿势。

培养宝宝安睡一整晚

事实上，宝宝到底能不能睡上一整晚，取决于他有没有养成良好的睡眠习惯和睡眠规律。

尊重宝宝自身的"生物钟"

宝宝的身体本身就有自己的规律性，知道何时睡觉何时醒来，这就是"生物钟"。爸爸妈妈要做的就是了解宝宝自身的规律并根据具体的季节变化，制订适合宝宝的活动日程和作息时间计划，然后和宝宝一起认真地执行这个计划。如果没有什么特别的事情，宝宝的睡觉和起床时间最好由宝宝自己决定，不要拘泥于爸爸妈妈的意愿或者其他权威的建议。"日出而作，日落而息"，宝宝喜欢遵循大自然的安排。另外，随着宝宝的成长发育，睡眠模式也随之改变，并且和成人的模式更为接近。等宝宝长到 6 个月左右时，他的身体条件就已经能够让他睡一整晚了。

开始形成一套睡前程序

如果爸爸妈妈还没有这样做，那么现在也是开始建立一套睡前程序的好时机。睡前程序可以包括以下部分（或全部）内容：给宝宝洗个澡、换新尿布准备睡觉、给宝宝读一两篇睡前故事、唱一支摇篮曲、亲吻宝宝道一声"晚安"。任何适合家庭情况的睡前程序都可以。只要爸爸妈妈坚持每天在同一时间、以同样顺序完成，就能让宝宝逐渐形成一套睡前程序。

熟悉自己的床

所有的宝宝，特别是在出生后的头几个月，都会在夜间醒来几次。很多时候，他们都是在经过几段浅睡状态后醒来。通常，宝宝自己能够重新进入熟睡状态。但是，如果每天晚上宝宝完全入睡前都需要喂奶或者摇晃，那么他将很难自己重新入睡。所以，妈妈在宝宝完全入睡前就应该把他放到床上，这样宝宝入睡前的最后回忆是睡觉的床，而不是妈妈或奶瓶。宝宝可能会采取一些方式来帮助自己入睡，比如发出"咕咕"声、"咿咿呀呀"声、"哼哼"声，在婴儿床上摇晃或者连续啼哭几分钟等。

夜间的安抚

如果宝宝晚上醒来，可能会有 5~10 分钟才能使自己重新入睡。如果超过这段时间宝宝还没有睡着，妈妈可以去看看他，但不用把他抱起来，轻声和宝宝说话或者拍拍背部就可以了，这样能给宝宝安全感。如果妈妈不等宝宝从不同睡眠状态中进行自然转换，宝宝很有可能只会依赖他人晚上给他额外的爱抚和关心。这种过多的干涉实际上会影响宝宝的睡眠方式，会误以为又到了游戏的时间，而提供不必要的饮食则可能造成睡眠障碍的发生。

打"持久战"

大多数宝宝睡眠习惯的建立需要一段时间，可能表现得时好时坏，作为爸爸妈妈千万不要奢望宝宝马上就能整夜地独自睡觉，不再打扰自己。特别是在一些特殊的时期，如长牙、疾病、生活环境及看护人的改变等，很有可能打乱宝宝的睡眠规律，妈妈对此要有充分的思想准备。

干货！干货！

育婴师说

防止睡偏头

宝宝出生后，头颅都是正常对称的，但由于婴儿时期骨质密度低，骨骼发育又快，所以在发育过程中极易受外界条件的影响。如果宝宝的头总侧向一边，受压一侧的枕骨就变得扁平，这时容易出现头颅不对称的现象。但一般都会在 1 岁内得到自然纠正，只要妈妈注意给宝宝补充维生素 D，预防颅骨软化就可以了。

育婴师说
别轻易叫醒熟睡的宝宝

有些新手爸妈担心宝宝饿着或被湿湿的尿布包裹，常常会隔几个小时就把宝宝叫醒，喂奶或者换尿布。这样的习惯并不好。宝宝非常需要睡眠。充足的优质睡眠才能保证宝宝快速地新陈代谢和成长。如果宝宝饿了，或因为要拉便便感觉不舒服了，他自己会用哭声提醒爸爸妈妈。所以爸爸妈妈不要过于担心，尽量少叫醒熟睡中的宝宝。

若宝宝在睡梦中拉便便了，爸爸妈妈发现后，可以在宝宝熟睡中为他换好干净的尿布，不必非要叫醒宝宝。宝宝饿了自然会醒来吃奶，妈妈也不用定时叫醒宝宝喂奶，以免扰乱宝宝自己的睡眠规律。

宝宝有自己的睡眠规律，爸爸妈妈不要轻易叫醒他。

宝宝睡不踏实怎么办

有些宝宝会出现依赖妈妈的情况，妈妈在身边或是抱着宝宝，宝宝才能睡得安稳。一旦妈妈离开，宝宝就开始哭闹，睡不踏实。妈妈别慌张，培养好宝宝的睡眠习惯，就能够让这种情况有所改善。

一放下就醒，怎么办

有的妈妈会遇到这样的情况：宝宝在怀里时很乖，很容易睡着，一放下来就很快醒过来，而且会哭，妈妈抱一会儿就睡过去了，可是放下后又哭醒。宝宝是不是身体哪里不舒服呢？

其实，这是宝宝睡觉不踏实的表现，因为宝宝看着是睡着了，其实还处于浅睡眠的状态。所以，一放到床上他就醒来，那就需要妈妈慢慢调整宝宝的睡眠习惯。

纠正睡觉坏习惯

从一开始时，妈妈就不要抱着宝宝睡觉。如果宝宝已经习惯了抱睡，应马上开始纠正。妈妈可大胆地把宝宝放下，开始时他一定会哭闹着抗拒，让他发一会儿脾气，妈妈可以躺在一边轻拍宝宝，避免宝宝呛着。当宝宝睡着后，在他身边放两个枕头，紧挨着他，让他以为是妈妈在身边，这样宝宝就能睡得久一点。

育婴师说
宝宝要早睡吗

宝宝是在睡眠中成长起来的，尤其是新生儿，几乎一天的时间都是在睡觉。随着宝宝年龄的增长，睡眠时间会渐渐减少，但只要保证早睡早起，就能使身体发育得更好。

宝宝早睡，有利于长个子。因为生长激素都是在宝宝睡着后分泌的，如果晚上10点以后仍不入睡，细胞新陈代谢将受到影响，进而影响宝宝身高和智力的发育。

早睡早起可保证宝宝白天的精力和体力，能够显著改善白天瞌睡、哭闹以及焦躁的现象。

除了早睡，也不要轻视午后的小睡，午睡有助于改善宝宝饮食，增强免疫力。宝宝的大脑发育尚未成熟，半天的活动使身心处于疲劳状态，午睡将使宝宝得到最大限度的放松。

宝宝睡眠五不宜

　　随着月龄的增大，宝宝白天睡眠的时间缩短了，夜间睡眠时间相对延长。妈妈要学习避开宝宝睡眠中的不宜情况，以促进宝宝身体的成长发育。

不宜含着乳头或奶嘴睡

　　含着乳头或奶嘴睡会影响宝宝牙床的正常发育及口腔清洁卫生；过分频繁的进食习惯，容易使胃肠功能紊乱；同时含着乳头或奶嘴睡容易呼吸不畅，导致睡眠质量下降，甚至可能引发窒息。

环境不宜过分安静

　　一般在三四个月时，宝宝就开始自觉地培养"抗干扰"的调节能力了。自然的"家庭噪声"更利于宝宝安然入睡，人为、刻意制造的极度安静环境反而不利于宝宝良好睡眠习惯的形成。

白天不宜睡得过久

　　宝宝白天睡得太久，导致晚上精力旺盛难以入睡，不仅会影响爸爸妈妈的生活，还会影响宝宝建立正常的睡眠规律。

不宜在睡前过分关照

　　让宝宝逐渐形成以自然入睡的形式自己进入睡眠状态，不要让宝宝习惯于将自己的入睡与亲人的关照紧紧联系在一起。

不宜过度摇睡

　　宝宝的大脑发育尚未完善，过于猛烈的摇晃动作，会令宝宝大脑与颅骨撞击，对宝宝的健康以及大脑发育产生严重影响。所以新手爸妈要谨记，在宝宝准备进入睡眠状态时，不要过度摇晃宝宝。

让宝宝逐渐形成以自然入睡的形式自己进入睡眠状态。

干货！干货！

育婴师说午睡

宝宝的大脑发育尚未成熟，半天的活动使身心处于疲劳状态，午睡将使宝宝得到最大限度的放松，使脑部的缺血缺氧状态得到改善，让宝宝睡醒后精神振奋，反应灵敏。在睡眠过程中宝宝身体内还会分泌生长激素，因此说，爱睡的宝宝长得快。

宝宝"夜啼"有高招

"夜啼"是指宝宝白天表现良好，到晚上就啼哭吵闹不止。人们习惯上将这些宝宝称为"夜哭郎"。这是婴儿时期常见的睡眠障碍，可能与宝宝的神经系统发育不完全或者一些疾病导致神经功能调节紊乱有关。当然，如果是因为饥饿、大小便等引起的啼哭不在此病范围之内。

对于宝宝来说，他们的生长激素在晚上熟睡时分泌量较多，从而促使身高增长。若是"夜啼"长时间得不到纠正，宝宝身高增长的速度就会缓慢。所以宝宝一旦有"夜啼"情况，父母应积极寻找原因并及时解决，以免影响宝宝的生长发育。

宝宝晚上哭闹的原因

生理性哭闹：宝宝的尿布湿了或者裹得太紧、饥饿、口渴、室内温度不合适、被褥太厚等，都会使宝宝感觉不舒服而哭闹。对于这种情况，爸爸妈妈只要及时消除不良刺激，宝宝很快就会安静入睡。

环境不适应：有些宝宝对自然环境和时间不适应，黑夜白天颠倒。对于这种情况，爸爸妈妈可以通过设法减少宝宝白天睡觉的次数和时间，多哄他玩，延长清醒时间来缓解。

疾病影响：某些疾病也会影响宝宝夜间的睡眠，对此，爸爸妈妈要及时带宝宝去看医生。

家庭护理方法

1. 先观察宝宝是不是因饥饿、排便或太热而哭闹。

2. 排除因为其他疾病，如佝偻病等引起的啼哭。

3. 培养宝宝良好的睡眠习惯，不要盖得太多，也不要让宝宝受凉。

4. 晚上睡觉前不要让宝宝吃得太多，以防积食，胃不舒服。

5. 如果夜间哭闹时间相对固定，排气后哭闹停止，可以帮助宝宝揉揉肚子，尽快排出气来。这种哭闹多发生在 3~6 个月的宝宝，等宝宝长大些可自行缓解。

育婴师说**抱睡**

干货！干货！

新生宝宝初到人间，需要爸爸妈妈的爱抚与拥抱，但新生宝宝也需要培养良好的睡眠习惯。

抱着宝宝睡觉，既会影响宝宝的睡眠质量，还会影响宝宝的新陈代谢。产后妈妈的身体也需要恢复，抱着宝宝睡觉，妈妈也得不到充分的睡眠和休息。所以，宝宝睡觉时，要让他独立舒适地躺在自己的床上，自然入睡，尽量避免抱着睡。

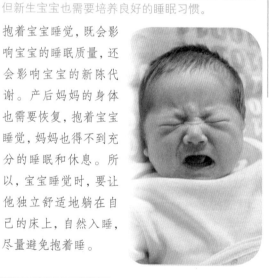

宝宝在睡梦中会哭闹醒来，不宜立即抱起哄睡，避免宝宝形成依赖。

育婴师划重点：夜间睡眠时，宝宝一哭就抱不可取，应当先靠近宝宝，用手轻抚宝宝，将宝宝的双侧手臂按在胸前，保持在胎内的姿势，使宝宝产生安全感，更易使他入睡。

不要强迫宝宝睡觉

对于睡眠时间比一般婴儿短的短睡型宝宝来说，如果爸爸妈妈在他毫无睡意的情况下强迫其睡眠，宝宝就有可能形成无法安心入睡的习惯。

以下几点是强迫宝宝睡觉可能造成的不良结果：1.宝宝夜间频繁醒来可能与"猛长期"营养需求、长牙、饮食、活动、舒适程度、个人脾气性格等有很大关系，妈妈要"对症下药"才可以保障宝宝连续的睡眠时间。不科学、不理智、不符合宝宝身心发展规律、不切实际的方法强迫宝宝睡眠，会带来极大伤害。2.让宝宝身心受重创，使宝宝对父母失去信任感，妨碍亲子依恋关系的建立。3.在强行哄宝宝睡觉的过程中，妈妈容易忽略观察，不能及时发现宝宝的不适信号。

宝宝的生活规律违背了其自身的生物钟，结果会使他觉得睡眠是一种负担而害怕睡眠，因而愈强迫，宝宝愈难以入睡，即使长大了也有睡眠困难或睡眠障碍的倾向，这对宝宝的身心健康发展是不利的。妈妈要注意观察，宝宝睡眠少是否伴随其他异常现象，如果宝宝身体发育正常，也无任何其他异常情况，那么睡眠少可能就仅仅是宝宝的睡眠特点，并不意味着有什么病变，妈妈就不必太着急了。

宝宝只要睡眠有规律，觉醒时精力充沛、情绪愉快即可，不能以睡眠的时间长短来判定宝宝生活是否正常，更不能在宝宝毫无睡意时强迫其睡眠。

觉少宝宝不用愁

睡眠不足会影响宝宝的成长，尤其是大脑发育。但宝宝存在个体差异，所以充足睡眠的标准是不一样的，10～20个小时都属于正常的范围。一般说来，判断宝宝睡眠是否充足的简单方法就是观察宝宝的情绪。睡眠不足的宝宝情绪不好，食欲缺乏，容易啼哭，生长发育缓慢。

育婴师说
睡觉的小妙招

不要强迫宝宝入睡，宝宝的眼皮开始耷拉下来，或揉眼睛，或有些烦躁，都是想睡觉的信号。此时，妈妈可以尝试以下几种方法，更容易将他哄睡着。

1.让宝宝向下俯卧在妈妈的腹部，然后轻揉宝宝背部，可以使他平静入睡。

2.让宝宝平躺在婴儿床上，可轻声唱歌哄宝宝入睡。

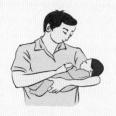

3.吸吮安抚奶嘴或拇指对烦躁型宝宝入睡有用。

育婴师说
开灯睡觉

很多妈妈担心宝宝一个人睡觉时怕黑，总会给他在床头留一盏灯，但这却不利于宝宝健康。

开灯睡觉睡眠浅

研究发现，任何人工光源都会产生一种微妙的光压力，会使宝宝表现得躁动不安，以致难以入眠。同时，宝宝长期在灯光的照射下睡觉，会使他每次睡眠的时间缩短，睡眠深度变浅且容易惊醒。

开灯睡觉不利于宝宝视力发育

宝宝长期在灯光下睡眠，对宝宝的视力发育不利。长期暴露在灯光下睡觉，光线对眼睛的刺激会持续不断，眼球和睫状肌便不能得到充分的休息。这对宝宝来说，极易对视网膜造成损害，影响其视力的正常发育。

开灯睡觉，会影响宝宝的视力发育。

预防宝宝昼夜颠倒

刚刚升级做了妈妈，总是会遇到宝宝的各种问题。如果宝宝白天睡得香，怎么叫都叫不醒，晚上却清醒得很，爸爸妈妈肯定会特别烦恼。

婴儿期的宝宝无法分辨白天和夜晚，所以经常会出现白天睡觉，晚上起来玩耍的情况，也就是我们常说的睡眠颠倒。这种情况经常会弄得一家人晚上都睡不好觉，影响白天的生活和工作。

减少白天的睡眠

婴儿期的宝宝白天觉也比较多，但如果宝宝睡颠倒了，还是应尽量减少他白天的睡眠时间。早上早点叫醒他，减少他中间睡觉时间。如果宝宝想喝奶或者想尿尿，就借机叫醒宝宝，只要宝宝不闹，就多逗宝宝玩，减少他白天的睡觉时间。但要注意，不能光玩不让宝宝睡，太累的话晚上也会睡不着的。

宝宝睡颠倒跟爸爸妈妈也有关系

有的家庭习惯晚睡，到了夜间十一二点爸爸妈妈还在玩电脑或者看电视，家里灯火通明，这样宝宝会认为当时是白天，不是睡觉时间。所以爸爸妈妈首先要做到自己早睡早起，有正常的作息时间，这样才有助于培养宝宝正常的生物钟。

多带宝宝到户外活动

白天，宝宝睡醒吃饱后，如果天气好，可以带宝宝到户外散步，比如附近的公园、广场都可以。宝宝接触到外面新鲜的事物，就会充满好奇心，会很兴奋，不睡觉也

减少宝宝白天的睡眠时间，可预防睡眠昼夜颠倒。

可以逐渐减少抱宝宝的时间，让他慢慢适应自己睡。

不会闹，这样既减少白天睡眠的时间，还能提高宝宝的免疫能力，也能提高夜晚睡眠质量。

睡前洗热水澡

睡前给宝宝洗热水澡，让宝宝全身放松，促进血液循环，有助于睡眠。洗澡前不要给宝宝喂奶，洗澡时大人扶着宝宝，让他的小手小脚在水里尽情地扑腾，扑腾累了就能睡个好觉。洗完澡给宝宝换上睡觉穿的宽松衣服，就可以入睡了。

晚上不要打扰宝宝

婴儿期的宝宝睡觉时经常会笑、会咧嘴、会哼唧，不用担心，这是宝宝浅睡眠的表现。不要一遇到这种情况就赶紧去拍宝宝，这样反而会影响宝宝睡觉。如果宝宝在半夜醒了，要赶紧轻拍宝宝，让他尽快入睡。以免宝宝醒后不睡觉，造成睡眠颠倒的情况。

宝宝缺钙也会影响睡眠

如果宝宝缺钙，就算他睡着了也会很容易惊醒，影响睡眠质量，更影响宝宝发育。所以，宝宝晚上不睡，还要确定是否缺钙，如果是缺钙引起的，就要及早咨询儿科医生，为宝宝补钙。

不管用什么方法，都不可能立竿见影。要想改变宝宝睡觉昼夜颠倒的情况，爸爸妈妈要有耐心，要坚持下去，在宝宝闹觉的时候要多哄哄宝宝，不要生气或者对宝宝大喊。时间久了，宝宝就会按照爸爸妈妈的意愿养成良好的睡眠习惯，形成规律的作息。

育婴师说

干货！干货！

宝宝自己睡

有的妈妈依照网上的说法，想要培养宝宝独立睡觉的习惯，但是，如果方法不当，宝宝不仅不睡，还会大哭不止。这是因为宝宝一直有妈妈陪着睡，突然改变这种习惯会让宝宝感到不安，所以会用哭来表示抗议。如果爸爸妈妈想要培养宝宝自己睡的习惯，应该循序渐进，找合适的时间，慢慢来，比如先让他躺着哄睡，再抱一抱，逐渐减少抱的时间，最后让他自己躺着睡着。

不同月龄宝宝的睡眠计划不同

宝宝的睡眠就像给大脑及身体充电一样，在宝宝入睡的过程中大脑及身体都在生长发育。宝宝无法安睡会给大脑带来负担，即使在清醒时也会出现发呆、打瞌睡的现象。所以新手爸妈要按宝宝的不同月龄、年龄来实施安睡计划。宝宝睡得足，才能长得快。

0~3 个月　尊重宝宝的睡眠规律

这一时期宝宝的睡眠习惯还不规律，需要爸爸妈妈来帮助宝宝形成睡眠规律。从新生儿时期到出生后4周为止，宝宝每天需要睡18~20个小时。可是由于宝宝每两三个小时就要醒一次，因此无法进入深度睡眠状态。在这个时期，只要宝宝感觉困了，不管时间间隔如何，都应该立即哄他入睡。

从出生后5周至3个月大，宝宝可以不间断地持续睡眠4~6个小时。这一时期宝宝生活上渐渐有了规律，爸爸妈妈还需要帮助他找到睡眠规律。睡眠间隔时间以两三个小时为宜，如果宝宝醒来2个小时左右，就应该尽量哄其入睡。这一时期，要注意宝宝房间的采光及噪声问题，白天光照强烈时，要拉上窗帘哄宝宝入睡。

4~12 个月　帮助宝宝区分昼夜

这个时期的宝宝已经可以在晚上不间断地连续睡七八个小时了，因此最好在这一时期开始训练宝宝睡自己的床。晚上睡眠充足的宝宝白天可以醒很久，而白天活动量大的宝宝由于疲倦晚上很容易入睡。对于昼夜颠倒的宝宝，应该在出生后6个月左右开始纠正。最好由妈妈制作一个睡眠作息表，让宝宝睡眠规律化。宝宝一般在早上六七点时醒来，有时也会起得更早一些。从出生后3个月开始，让宝宝在上午醒2个小时，8个月后延长至3个小时。在中午至下午2点、下午3点至5点时睡午觉。固定午睡时间，宝宝睡眠规律自然很好，但倘若宝宝不肯入睡的话也不必勉强。

1~1.5 岁 注意别让噪声影响睡眠

　　这个时期的宝宝每天要睡 14 个小时左右。运动能力发育相当迅速，开始行走，活动量增大。白天醒着的时间延长，玩耍的时间也长了。这时候，一天两次的睡觉时间缩减为一次，可以把晚上就寝的时间提前。如果白天因为宝宝午睡的时间短而哄其入睡两次的话，会造成宝宝晚上入睡困难。

　　这一时期的宝宝好奇心很强，事事都喜欢参与，躺在床上准备睡觉时，听到异响会爬起来观看。因此为了让宝宝顺利入睡，应提前关注一下周围的噪声，尽量不要让宝宝听到电视的声响或别人说话的声音。同时，应该提前告诉宝宝睡觉时间，入睡时间一到，妈妈就陪着宝宝躺在床上。

1.5~3 岁 训练其独自入睡

　　宝宝满两岁时每天需要睡 13 个小时左右。这一时期的宝宝有了自己的意愿，不想睡时，爸爸妈妈不要强迫他，如果宝宝被强迫反而不会睡觉。这一时期仍需要午睡，因此，白天还是应保证一次睡眠，平均时间为 1.5 个小时。为了养成午睡的好习惯，爸爸妈妈可以帮助宝宝建立睡眠规律，午饭后，在床上玩一会儿，然后躺着闭上眼睛听音乐或故事，在音乐或故事声中，宝宝就会进入甜美的梦乡。

　　这一时期也可以哄宝宝独自睡觉。宝宝的分离焦虑一般从出生 6 个月左右时开始，到周岁时达到高峰，到两三岁就开始慢慢消失了，爸爸妈妈可以让宝宝抱着他喜欢的物品睡觉。

干货！干货！

育婴师说

绝对安静

很多妈妈在宝宝睡觉时，会把电话铃声关掉，甚至不让人大声说话，做什么事都蹑手蹑脚的，非常小心，生怕惊了宝宝的觉。其实这样做是完全不必要的。

宝宝在妈妈肚子里早已习惯了某种音律伴着入梦，时常都会听到各种声音，如妈妈的心跳声、妈妈肚子的咕噜声、妈妈的话语声。因此现在没有这些背景声音，宝宝就难以入眠。妈妈可以轻轻地哼唱，放一些柔和的音乐或者晃动其他用来安抚宝宝的有声玩具。在这些带有声响的环境中，宝宝可能睡得更香。总之，不要给宝宝太过安静的睡眠环境。

育婴师纯干货——宝宝睡眠问题关键词

宝宝在睡眠中会出现各种各样的问题，几乎每位爸爸妈妈都曾被宝宝难以入睡、睡不踏实等问题所困扰过。既担心宝宝睡眠不足影响发育，又被宝宝"折腾"得不能好好休息，影响自身健康。现在育婴师就帮助爸爸妈妈解决这些问题，让宝宝和爸爸妈妈都能安睡。

1 **宝宝打鼾**：宝宝入睡后偶有微弱的鼾声，这种偶然的现象并非病态。如果宝宝每次入睡后鼾声都较大，应引起父母的重视，及时去看医生，检查是否有腺样体肥大。腺样体是位于鼻咽部的淋巴组织，如果其发生病理性增大，会引起宝宝入睡后鼻鼾、张口呼吸，腺样体肥大严重影响呼吸时可手术摘除。另一种情况为先天性悬雍垂过长，可以接触到舌根，当宝宝卧睡时，悬雍垂可倒向咽喉部，阻碍咽喉部空气流通，使宝宝发出呼噜声，亦可刺激宝宝发生咳嗽，可手术切除尖端过长的部分。

2 **宝宝半夜醒来玩**：如果宝宝半夜醒来，可能是饿了或尿了，喂完奶，换过尿布后，宝宝又会呼呼大睡。但是有的宝宝却在喂奶或换过尿布后清醒了，躺在床上能玩一两个小时，没人哄逗还会大哭，这让妈妈很头疼。如果宝宝出现过一次这样的情况，妈妈要及时纠正，下次晚上喂奶时，不要开灯，不要哄逗宝宝，喂完奶或换完尿布就把宝宝放下，以免他形成夜间玩耍的习惯。

3 **宝宝哼唧**：宝宝越小，需要的睡眠时间越多。宝宝的睡眠分为深睡眠、浅睡眠，小的时候，浅睡眠较多。在浅睡眠状态下，有时候会哼唧两下，这是正常的现象。妈妈不要误以为宝宝饿了，而赶紧

喂奶。妈妈可以静静地观察一下宝宝，若宝宝很快又睡着了，不再哭闹了，那就不用理会，这样反而有利于宝宝的成长。若是宝宝醒来，并开始哭闹，妈妈要弄清楚宝宝哭闹的原因，如果是饿了，就喂奶给宝宝；若是拉便便了，就要帮宝宝换干净的纸尿裤或尿布。

4 **宝宝昏昏欲睡**：宝宝在成长过程中，会莫名其妙地从早到晚昏昏欲睡，不爱吃也不爱动，其实，这是宝宝进行自我保护的有效手段。宝宝在陌生环境中接收到超出经验范围的刺激，会自动进入保护性睡眠，暂时停止接收更多外界信息，让过度的刺激趋于正常。几天的嗜睡后，宝宝突然又恢复精神，胃口大开。当宝宝出现超时睡眠时，不要随意惊动他，只要注意保暖就行。

5 **睡眠中抽搐**：宝宝常在睡眠中莫名其妙地抽搐，这是因为宝宝的神经系统发育还不完全，神经内的信息传递不够准确和灵敏，常常会四散传递，受到外界的声音和碰撞刺激后，刺激波及由大脑控制的所有神经纤维，引起胳膊和腿的动作，所以宝宝这种"一惊一乍"是正常的。这时候，妈妈只要轻轻按住宝宝身体的任何一个部位或轻声安慰，他都会立刻安静下来。

6 **白天不睡觉**：有的宝宝可能每天只睡1次，午前不睡，午后睡两三个小时，甚至是三四个小时。有的好动的宝宝白天不睡觉，玩得很开心，一点倦意也没有，这并不是异常的表现。这样的宝宝晚上睡得比较早，睡眠质量也好，深睡眠时间相对较长。尽管白天不睡觉，但是可以从晚上七八点或八九点一直睡到第二天早晨八九点，精神很好，活动能力很强，生长发育也正常，爸爸妈妈就不必为宝宝白天不睡觉感到焦虑了。

育婴师说

宝宝睡觉时出汗

多汗可以分为生理性多汗与病理性多汗。生理性多汗可以找到明显的原因；病理性多汗则比较复杂，一般是多种疾病共同作用的结果。

如在晚上睡后多汗，深度睡眠以后逐渐减少，并伴有枕秃和方额头、肋骨串珠等现象，多是缺钙引起的，建议到医院请医生检查。如果睡觉时出汗严重并容易感冒，可能是体质虚弱，建议找医生调理。此外，在饮食上还要注意两点：

1. 给宝宝吃清淡的食物，少吃煎炸及酸性食物。

2. 多给宝宝吃新鲜水果蔬菜，保持大便通畅。

喂养问题

科学喂养，才能让宝宝身体长得壮，不易得病。纯母乳喂养是每个妈妈都希望的。如果由于某种原因不能纯母乳喂养，妈妈也不要气馁，混合喂养和人工喂养一样可以让宝宝得到应有的营养，健康成长。无论是母乳喂养，还是人工喂养，或者混合喂养，都要讲究方式方法。掌握科学的喂养方法，才能使宝宝更健康、更强壮。

母乳喂养

母乳是新生儿最好的食物，母乳喂养是最科学的喂养方法。母乳含有新生儿所需的全部营养，还含有丰富的免疫类物质。所以，除非不得已，妈妈最好选择母乳喂养的方式。

干货！干货！

母乳是宝宝最好的食物

母乳是最佳营养品，无菌、卫生、经济、方便。初乳含有大量免疫物质，能增强宝宝抵抗疾病的能力；母乳中含有大量牛磺酸，对宝宝大脑发育具有特殊作用；母乳温度、吸乳速度合适，能满足宝宝"口欲期"口腔的敏感需求。

除了营养丰富以外，母乳还能滋养宝宝的心灵。妈妈哺乳时的怀抱形成了类似胎儿在子宫里的环境，让宝宝有安全感，能增进母子感情。

哺乳妈妈都有过这样神奇的体验吧：宝宝吃一两分钟奶之后，小身子就会完全放松，小脸蛋儿露出无比欢愉的表情；宝宝不舒服时，吃两口母乳，马上镇静下来，刚刚还号啕大哭的宝宝一吸上乳房，立刻就变得乖乖的。可见，母乳不仅是宝宝身体的"食粮"，更是他的精神"食粮"。

哺乳期宝宝还不能用语言来表达自己的感受，只能通过触觉、嗅觉和比较模糊的视觉来感受妈妈。母乳喂养时，那个温暖的怀抱，那种熟悉的气味，都会让宝宝感到无比安全。

一定要让宝宝吃到初乳

初乳对宝宝的健康有重要意义，是珍贵的"黄金营养"。及早哺喂宝宝，对妈妈恢复也有益。

初乳的好处

对宝宝的好处

易于吸收：与成熟乳比较，初乳中富含抗体、蛋白质、较低的脂肪及宝宝所需要的各种酶类、碳水化合物等，这些都是其他乳品所不能代替的，有利于新生儿的消化吸收。

增强免疫力：初乳含有比成熟乳多得多的免疫因子，可以保证新生儿免受病原菌的侵袭。初乳中 IgA、IgM 等免疫球蛋白、生长因子、巨噬细胞、中性粒细胞和淋巴细胞等免疫因子的含量也特别高，能够提高宝宝免疫力。

预防过敏：初乳还具有预防新生儿过敏和促进胎便排出的作用。有关研究表明，初乳能适应新生宝宝独特的生理特点，所含的微量元素的形式更容易被吸收，脂肪、乳糖和能量较成熟乳低，充分照顾了新生宝宝还未发育完善的肠胃。

对妈妈的好处

可促进乳汁分泌：哺喂母乳，可以促使乳汁尽快分泌，既能使乳房尽快充盈起来，还可以预防乳腺炎的发生。

促进子宫收缩：宝宝吸吮母乳时，可促进妈妈子宫的收缩，有利于产后身体的恢复，还可以预防产后出血的发生。

增强亲子关系：哺乳可以让母婴之间的关系更亲密。

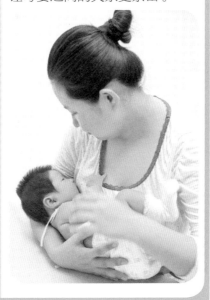

干货！干货！

育婴师说

不要浪费初乳

最开始的初乳，呈黄白色稀水样。民间观念认为这种乳汁不洁，要挤出扔掉。科学研究表明，过稀的初乳主要是妈妈体内水分含量有差别所致，不管外观怎样，初乳都含有很多成熟乳中不包含的珍贵营养成分，是妈妈给新生儿准备的第一道营养大餐和防病抗病屏障，所以妈妈千万不要浪费初乳。

知道了初乳的重要性，那什么时候开奶呢？一般情况下，若分娩时妈妈、宝宝一切正常，半小时到 2 小时以内就可以开奶。建议产后半小时内开始哺乳。

早接触、早吸吮

分娩后胎盘脱出，泌乳素就开始分泌，如果在一段时间内乳房没有获得吸吮的良性刺激，泌乳素的分泌就会慢慢下降，乳汁的产生也会随之减少。宝宝和妈妈早接触、早吸吮，对促进妈妈泌乳有好处。

宝宝早吸吮，母乳喂养成功第一步

吸吮反射在宝宝出生后 10~30 分钟内最强，多数宝宝出生 10~15 分钟后就会自发地吸吮乳头。乳头是宝宝的视觉标志，宝宝凭借本能可找到乳头并开始吸吮。建议让宝宝在出生后 30 分钟开始吸吮双侧乳头，以得到每一滴初乳。

产后 30 分钟内的接触及早吸吮、早练习，可以巩固吸吮反射、觅食反射及吞咽反射，不但能让宝宝得到初乳，还能刺激妈妈的乳房，促进乳汁分泌，有利于母乳喂养。

哺乳给宝宝安全感

宝宝出生后 2 小时是不会睡觉的，当医生把宝宝带到妈妈身边时，妈妈可以抱着宝宝，把脸贴近宝宝，看着他，通过这种肌肤接触、眼神交流，会加深宝宝对妈妈的感情，也会让他更有安全感，对今后的哺乳也有好处。而哺乳就是肌肤接触的重要方式，妈妈尽早让宝宝尝到甘甜的乳汁，能使宝宝得到更多的母爱和温暖，减少出生后的陌生感。

育婴师说开奶

干货！干货！

早接触、早开奶、早吸吮，就是提倡妈妈生产后马上让新生儿吸吮乳头，这样才可以将初乳的每一滴都吸进宝宝肚子里。

若分娩时妈妈、宝宝一切正常，半小时后就可以开奶。因此，不管是顺产还是剖宫产，妈妈都可以产后半小时内开始哺乳。尽早开奶有利于母乳分泌，不仅能增加泌乳量，而且还可以促进乳腺管通畅，防止奶胀及乳腺炎的发生。新生儿也可通过吸吮和吞咽促进肠蠕动及胎便的排泄。母乳喂养，最晚不能超过 6 小时。

早接触、早吸吮促进泌乳，对剖宫产妈妈也同样适用。

育婴师划重点： 剖宫产妈妈不用担心手术中的麻药和静脉药物会影响乳汁质量或对宝宝的健康不利。因为这些药物对乳汁的影响十分有限，几乎可以忽略掉。

宝宝是最好的开奶师

不少妈妈刚生完宝宝还没有出院的时候，就会收到很多关于开奶、催乳的小广告或者名片，这让很多妈妈心动不已，跃跃欲试。

所谓开奶师开奶，就是用乳汁或者特定的橄榄油加上专业的手法，配合相应的穴位，疏通乳腺管，从而达到开奶的目的。目前开奶师行业尚未规范，很多人完全没有经过专业培训。如果催乳按摩不当可能会导致乳腺管堵塞，严重的话还会引起乳腺炎症。因此，如果妈妈的确有开奶的需要，最好直接找医院的医护人员或者有资质的催乳师来给自己开奶。

大部分妈妈都可以靠宝宝的吸吮来开奶。虽然生产后最初几天，妈妈的乳腺管大部分不通畅，借助吸奶器或者爸爸的帮忙都很难下奶，但是通过宝宝频繁的吸吮却能将乳腺管吸通。小小的宝宝可是有很大的能力哦！

同时，妈妈一定不要在产后第1天就开始喝催乳汤。因为过早喝下奶汤，乳汁下来太早，宝宝喝不完，会造成浪费，也容易堵塞乳腺管造成乳房胀痛。

开奶并不是一件难事，妈妈要相信自己。

自己也能开奶

妈妈在身体恢复不错的情况下，完全可以自己开奶，步骤如下：

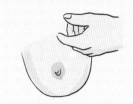

新妈妈先清洁乳房和双手。

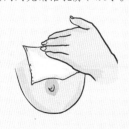

热敷乳房3~5分钟，注意要露出乳头。

用双手按摩、拍打、抖动乳房，动作要轻柔。

大拇指和其余四指分开，轻轻按摩乳晕处，刺激泌乳。

育婴师说

剖宫产宝宝

剖宫产宝宝没有经过产道娩出，未接触母体菌群，如果不及时进行母乳喂养，宝宝肠道中的有益菌群数量不足，免疫力自然比顺产分娩的宝宝要低一些，发生过敏、感染的概率也较高。因此，为了宝宝的健康发育，剖宫产妈妈应及时哺乳。

育婴师说

妈妈的饮食

不同分娩方式的饮食侧重点也不同。

顺产妈妈开奶前的饮食

清淡、易消化的食物：顺产妈妈如果在分娩时会阴侧切的伤口不大，同时身体恢复快，并能很快感觉到饥饿的话，建议先吃粥、鸡蛋来补充营养。日后慢慢恢复正常饮食，然后再开始吃一些催乳的食物。

剖宫产妈妈开奶前的饮食

先排气：剖宫产的妈妈在分娩后可以饮用一些排气类的汤来增加大肠的蠕动，促进排气，减少肚胀，同时也可以给身体补充水分。

半流质食物：排气后再食用一些软的且易消化的流质或半流质的食物，之后再逐步恢复正常饮食。

多补充清淡不油腻的汤类食物，既好消化，还有利于促进妈妈开奶、沁乳。

妈妈尚未开奶，宝宝怎么办

有些妈妈在宝宝出生 2 天后才会下奶，因此担心宝宝吃不饱，但是不要气馁，妈妈和宝宝都要坚持——相信开奶就在下一次哺喂中！

产奶需要时间

一般来说，成功产奶需要 3~7 天的时间。这期间，妈妈不要着急、不要气馁，坚信自己完全可以产生充沛的乳汁。

乳房已经在分泌初乳

新生儿在头几天吃得很少，而且即使看不到有明显的乳汁分泌出来，乳房也在分泌初乳。

宝宝体内已有能量存储

宝宝出生时体内已经储存有水、葡萄糖和脂肪，初乳基本可以满足宝宝的需要。只要尽早给宝宝喂奶并坚持不懈，就能让宝宝吃上妈妈给他的最好的礼物——母乳。

没下奶，也让宝宝吸吮

有些刚分娩的妈妈还没下奶，在给宝宝吃配方奶的同时，也不要减少宝宝吸吮乳房的时间，因为如果不让宝宝多吸吮，下奶就会更晚，母乳量也会相对较少，以后再想给宝宝哺喂母乳也会变得力不从心，最好的办法就是让宝宝多吸吮，从产后半小时开始就有意识地让宝宝吸吮乳房。

第1次喂奶，注意放松心情

在第1次给宝宝喂奶时，一定要注意清洁乳房，放松心情，对自己要有信心。再配合正确的方法，就可以满足宝宝的需求。

清洁乳房

在第1次给宝宝哺乳前，应该检查一下自己的乳房是否干净，可用食用植物油涂抹在乳头上，使垢痂变软，然后用温开水洗净乳头。

帮助宝宝吸吮

有的宝宝吸吮力弱，乳房内部还没形成流畅的"生产线"，头几口很费力，宝宝吸不出乳汁，就会大哭。此时，妈妈可以稍稍用力挤压乳房，也可让宝宝多吸几次，乳汁就会流畅地分泌出来。尽管第1次喂奶量少，但也能满足宝宝的需要，不要因为宝宝哭闹，就拿起奶瓶喂他。

要有信心

妈妈一定要对自己有信心。有的妈妈以为自己的乳房软软的就是没有奶，就没让宝宝吸，其实这是一种喂奶误区。乳房只要吸就会有奶的，即便量少，也不会完全没有。

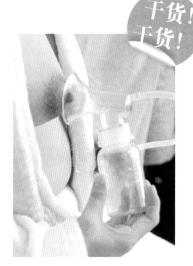

育婴师说

怎么存初乳

产后可能出于种种原因，宝宝需要跟妈妈隔离看护，不能及时喂宝宝吃初乳，但是初乳营养丰富，妈妈不要让宝贵的初乳浪费掉。

可以找一个干净的、可密封的玻璃瓶或者硬塑料容器，内外用开水烫一下消毒，以免滋生细菌。然后用清洁过的吸奶器将乳汁吸出，放入预先准备好的容器中，初乳可以室温保存，但保存时间较短，12小时之内就要喝掉，也可以用冰箱冷藏，约可保存1周。在喂给宝宝之前需要用温奶器隔水加热至40℃。

哺乳的过程就是学习的过程

母乳喂养不单单是一种喂养方式，更是妈妈理解和满足宝宝需求的自然且有效的途径。哺乳妈妈体内的催乳素和催产素旺盛，可以激发妈妈更强烈的母爱。哺乳过程中，母婴的亲密接触，使宝宝和妈妈在身心两方面都合二为一。妈妈对宝宝的需求反应更迅速，更直接。宝宝饥饿和焦虑的信号会促使妈妈产生泌乳反应，所以妈妈会直接产生哺乳的冲动。同时，妈妈在哺乳过程中能更细致地了解宝宝的需求，也会掌握喂养宝宝的诀窍。

正确的哺乳方式

母乳喂养并不是简单地把乳头送到宝宝嘴里就可以了，妈妈喂奶的正确姿势是将拇指和四指分别放在乳房上、下方，托起整个乳房哺喂。

哺乳时先用乳头刺激宝宝嘴巴：用拇指和食指将乳房或乳头举起，微微上倾，挪向宝宝嘴边。将乳头在宝宝的嘴角处摩擦，刺激宝宝的吸吮反应，尽量让宝宝自己含住乳头。顺势让宝宝轻轻含住整个乳头和大部分乳晕。为了防止宝宝鼻部受压，需让宝宝头和颈略微伸展，以免乳房盖住鼻部而影响宝宝呼吸，但也要防止宝宝头部与颈部过度伸展，造成吞咽困难。

喂奶时妈妈看着宝宝，有利于刺激泌乳。

妈妈喂奶时看着宝宝，也有利于刺激泌乳。

育婴师划重点：妈妈喂奶时，抱住宝宝，和他进行肌肤的接触，或是看着宝宝，这些都有助于促进泌乳。

干货！干货！

育婴师说

喂奶前的准备工作

喂奶前，妈妈要花几分钟做些细小的准备工作，这样可以更加从容地哺乳。

1. 使用哺乳胸罩，这样更方便哺乳。

2. 喂奶前，洗净双手，用热毛巾擦拭乳头及乳晕，并用手进行按摩，使乳腺充分扩张。

3. 准备吸奶器，以备母乳过多或在宝宝吃饱后吸出剩余乳汁。

4. 准备两片防溢乳垫，防止喂奶时另一侧乳房溢出乳汁。

5. 准备一块干净的尿布，防止宝宝吃奶时排尿或排便。

6. 为了防止背部疼痛，可以拿一个垫子靠在背后。

正确的喂奶姿势让哺乳更轻松

一天多次的哺乳，可能会让新妈妈感觉疲惫不堪。其实，掌握了舒适的哺乳姿势会让妈妈轻松很多。

妈妈坐舒服：全身肌肉要放松，腰后、肘下、怀中要垫好枕头。如果坐在椅子上，踩只脚凳，将膝盖抬高。如果坐在床上，就用枕头垫在膝盖下，利用枕头将宝宝抱到你胸前。

宝宝躺舒服：宝宝横躺在妈妈怀里，使整个身体对着妈妈的身体，这样脸就能对着妈妈的乳房了。宝宝的头应该枕在妈妈的前臂或者肘窝里，妈妈用前臂托住宝宝的背，用手托住宝宝的屁股或腿。

正确哺乳：宝宝含住的应该是妈妈的乳晕，这样才能有效地刺激乳腺分泌乳汁。仅仅吸吮乳头不但不会让宝宝吃到奶，反而会引起妈妈乳头的皲裂。

如果宝宝衔不住乳头，喂奶时妈妈可以用中指和食指夹住乳晕上方，使乳头变得凸出，还能防止宝宝鼻孔被乳房堵住。

小于 3 个月，躺着喂奶要谨慎

如果宝宝还不满 3 个月，妈妈最好不要躺着给宝宝喂奶。因为这时候宝宝的头和脖颈都没什么力气，如果妈妈不小心睡着了，宝宝的鼻子和嘴巴都会被乳房压到，但是又无法自己挣开，就有可能发生窒息。

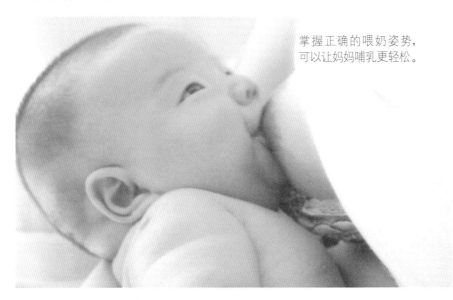

掌握正确的喂奶姿势，可以让妈妈哺乳更轻松。

育婴师说

哺乳姿势

掌握哺乳的方法与技巧，并找到适合自己的哺乳姿势，有助于顺利完成哺乳。

摇篮式：妈妈坐在床上或椅子上，用一只手臂的肘关节内侧支撑住宝宝的头。

交叉摇篮式：交叉摇篮式和传统的摇篮式比较相似，不过宝宝吸吮左侧乳房时，是躺在妈妈右胳膊上的。

足球式：让宝宝躺在椅子或床上，将他置于你的手臂下，头部靠近你的胸部，用前臂支撑他的背，让他的颈和头枕在妈妈的手上。

早产儿

早产儿身体弱，没有那么多的体力去吃奶，这需要妈妈给他更多的帮助。妈妈可以用胳膊托住他的全身，用手支撑他的头部，用另外一只手把乳房托着轻轻送进他的嘴里。或者让宝宝趴在胸前，这对宝宝的成长发育都是非常有利的。

双胞胎

平躺式：妈妈平躺在床上，头部和肩膀下各垫上枕头，将宝宝放于两侧腋下，用枕头将宝宝垫高，与乳房齐平，同时给两个宝宝喂奶。

双摇篮式：宝宝一边一个，侧身躺在妈妈的臂弯里，妈妈的两只手同时环抱住宝宝，让宝宝的身体在妈妈的腿上交叉，可以在肘部垫上枕头，以便更好地支撑起宝宝。

> 宝宝有寻乳反应，在他饥饿时，妈妈用乳头碰触宝宝的嘴唇，会使宝宝自然张开嘴。

剖宫产后的哺乳姿势

剖宫产的妈妈常常会为如何哺乳发愁。由于伤口的原因，起初很难像顺产妈妈一样采取横抱式的哺乳姿势，同时也很难采取标准的侧卧位，因此对于剖宫产的妈妈来说，学会正确的哺乳姿势，才能既有利于妈妈恢复，也有助于宝宝吸吮。

下面两种哺喂姿势就非常适合剖宫产的妈妈。

床上坐位哺乳

妈妈背靠床头坐或坐在床边，让家人帮助妈妈将背后垫靠舒服，把枕头或棉被叠放在身体一侧，其高度约在乳房下方，妈妈可根据个人情况自行调节。将宝宝的臀部放在垫高的枕头或自己的腿上，腿朝向妈妈身后，妈妈用胳膊抱住宝宝，使他的胸部紧贴妈妈的胸部。妈妈用另一只手以"C"字形托住乳房，让宝宝含住乳头和大部分乳晕。

床下坐位哺乳

妈妈坐在床边的椅子上，尽量坐得舒服些，身体靠近床沿，并与床沿成一夹角，把宝宝放在床上，用枕头或棉被把他垫到适当的高度，使宝宝的嘴能刚好含住乳头，妈妈就可以环抱住宝宝，用另一只手呈"C"字形托住乳房给宝宝哺乳。

育婴师说
让宝宝含住乳晕

怎样才能让宝宝含住大部分乳晕呢？方法其实很简单，赶快跟着图示来学习吧！

1.妈妈先用手指或乳头轻轻碰触宝宝的嘴唇，他会本能地张大嘴巴，寻找乳头。

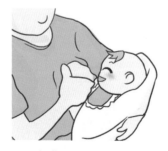

2.用拇指顶住乳晕上方，用其他手指以及手掌在乳晕下方托握住乳房。

3.趁宝宝张大嘴巴，直接把乳头和乳晕送进宝宝的嘴巴，一旦确认宝宝含住了乳晕，赶快抱紧宝宝，使他紧紧贴着你。

按需哺乳，是宝宝最大的快乐

一位母亲曾这样说："成功地分泌乳汁是每一位女性母性气质的自然表现，她不需要计算给宝宝喂奶的次数，就像她不需要计算亲吻宝宝的次数一样。"

不必拘泥于书本或专家建议

在给宝宝哺乳的时候，不必过于拘泥于书本或专家的建议，比如要隔几个小时才能吃，每次吃多长时间等。

按需哺乳

只要按需哺乳即可，如果宝宝想吃，就马上让他吃，过一段时间之后，就会自然而然地形成吃奶的规律。按需哺乳可以使宝宝获得充足的乳汁，并且能有效地刺激泌乳。

激发宝宝的快感

哺乳时，宝宝的需要能得到及时满足，会激发宝宝身体和心理上的快感，这种最基本的快乐就是宝宝最大的快乐。

掌握哺乳技巧

当妈妈贴抱着宝宝时，要尽量使自己全身心放松。当你温柔地抚摸着这个轻轻蠕动、柔软温热的小身体时，想象着宝宝要在呵护和关爱中长大，积蕴了许久的母爱定会喷薄而发。好好享受和宝宝心神合一的美妙时刻吧！

干货！干货！

育婴师说

宝宝的吃奶量

很多妈妈担心按需哺乳不能把控宝宝的吃奶量，不知道宝宝吃了多少，担心宝宝的发育。其实，刚出生的宝宝胃口很小，虽然吃奶次数很多，但每次吃奶量都不多，所以妈妈也无须担心，只要宝宝的体重正常增长、精神状态好就说明宝宝吃饱了。

宝宝每个阶段的吃奶量

3 天

每次 30 分钟
每天 8 次以上
按需喂养

7 天

每次 20~30 分钟
每天 8 次以上
每次 30~50ml

7天至1个月

每次 20 分钟
每天 7~8 次
每次 40~60ml

1 个月

每次 20 分钟
每天 6~7 次
每次 80~100 ml

2 个月

每次 20 分钟
每天 6~7 次
每次 100~120ml

3 个月

每次 15~20 分钟
每天 5~6 次
每次 150ml

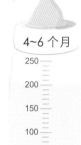

4~6 个月

每次 10~15 分钟
每天 5 次
每次 200ml

至少保证母乳喂养6个月

开奶的疼痛、胀奶的难受、背奶的辛苦、夜奶的疲惫——这一切的一切，都是一种甜蜜的负担，是妈妈送给宝宝最珍贵的礼物，伴他一生健康成长。

母乳喂养的宝宝生病率要比人工喂养的宝宝低

母乳是妈妈给宝宝准备的优质"粮食"。研究证明，母乳喂养的宝宝要比混合喂养及人工喂养的宝宝生病率低。母乳中有专门抵抗病菌入侵的免疫抗体，可以让6个月以内的宝宝有效抵抗麻疹、风疹等病毒的侵袭，以及预防哮喘之类的过敏性疾病等。

母乳喂养提供了母子亲密接触的机会

母乳喂养不仅为宝宝提供了充足的营养，也提供了母子亲密接触的机会，并有益于宝宝的智力发育。而且早喂奶还能尽早建立起亲子感情，让妈妈与宝宝关系更融洽。

母乳喂养的妈妈，产后恢复快

宝宝的吸吮可以刺激妈妈子宫的收缩，降低乳腺癌的发病率。有人认为母乳喂养的妈妈容易乳房下垂，其实二者没有什么必然联系，只要妈妈经常按摩乳房，并且坚持戴文胸支撑，就可以缓解乳房下垂。

基于母乳喂养对宝宝和妈妈的多重益处，国际母乳协会建议，至少要保证母乳喂养6个月。如果有条件，完全可以持续到宝宝2岁。

育婴师说

6个月后，也应坚持母乳喂养

有些妈妈听说前6个月的母乳可以给宝宝提供免疫物质，提升宝宝的抗病能力；而6个月后，母乳就没那么有营养了，而且，宝宝也开始添加辅食了，没有必要坚持母乳喂养了。

其实，这种说法是错误的。大量的研究证明，母乳无论在什么时候，都富含营养，如脂肪、蛋白质、钙和维生素等，尤其是含对宝宝身体健康至关重要的免疫因子。宝宝自身的免疫系统要到6岁左右才健全，在这之前，长期的母乳喂养，等于为宝宝建立起一道天然的免疫屏障，能够有效预防诸多疾病的侵袭。那些过敏体质的宝宝，更是应该母乳喂养至2岁以上。

宝宝1岁前，应以母乳为主食，一两岁时可以适当减少母乳在一天饮食中的比例，但最好也能够坚持喂母乳，以增强宝宝的免疫力。

> 宝宝2岁前，只要有条件，就应坚持母乳喂养，这样也能有效避免宝宝生病。

看懂宝宝要吃奶的信号

刚出生的宝宝不会说话，所以很多时候我们搞不明白他要干什么。其实，宝宝用很多方式给我们发出了信号，其中吃奶信号是爸爸妈妈应该弄懂的宝宝语言之一。

宝宝的吃奶信号分为早期和晚期。早期吃奶信号大多是吃手指或者脚趾，舔嘴唇；小脑袋左右转动，寻找妈妈等现象。通常人们注意到宝宝饿，是因为宝宝开始哭闹了。这其实是宝宝的晚期吃奶信号。宝宝哭闹起来，很难快速顺利地进入哺乳过程，需要妈妈好好地进行安抚。

每个宝宝的吃奶信号不尽相同，这需要妈妈仔细观察，细心领会。"听"懂宝宝的早期吃奶信号，将有助于妈妈和宝宝建立有效沟通的机制，宝宝也会更乖、更听话，哭闹更少一些。

1. 宝宝把小手放在嘴巴上舔玩时，表明想要吃奶了。

2. 宝宝可能会吸吮自己的手指、脚趾或者舔嘴唇等。

3. 睡梦中的宝宝眼珠会乱转，如果睁着眼睛玩时，会瞪着眼到处看。

4. 挥动小胳膊。

5. 身体发紧。

6. 宝宝会张开小嘴，啃咬妈妈的胳膊、肩膀等。

7. 如果宝宝手里抓着什么东西，会使劲往嘴里送，并不断地吸吮。

吸吮自己的手指，是宝宝想要吃奶的信号。

育婴师说
搞定喂奶频率

妈妈分泌乳汁后24小时内应该哺乳8~12次。哺乳时让宝宝吸空一侧乳房后再吸另一侧乳房。如果宝宝未将乳汁吸空，妈妈应该将乳汁挤出，这样才有利于保持乳汁的分泌及排出通畅。

如果出现乳房胀痛的现象，更应该及时频繁地哺乳，以避免乳汁在乳腺管淤积而造成乳腺炎。另外，热敷和按揉乳房也有利于乳汁的正常分泌。

育婴师说

只吸一侧奶

正常情况下，两只乳房的泌乳量应大致相同，可现实生活中，有些妈妈因为喂养不当，会出现一只乳房胀奶，另一只乳房奶少的情况。

如果妈妈长期让宝宝吸吮一侧乳房，宝宝吃饱后就很难再去吸吮另一侧乳房，长此以往，不常被吸吮的那侧乳房泌乳量会越来越少，常被吸吮的一侧则会越来越多。这时，妈妈要先让宝宝吸吮奶少的那侧乳房，宝宝对奶水的渴望会增强对乳房的刺激，等宝宝把这侧奶水吃完，再吃胀奶的那一侧。如此，两侧乳房的泌乳量会逐渐持平。

在进行单侧排空乳房的时候，我们提倡妈妈在第二次哺乳时，先给宝宝吸吮上一次没有充分吸吮的一侧乳房。

单侧排空乳房的哺乳方式不会让妈妈的乳房一大一小。

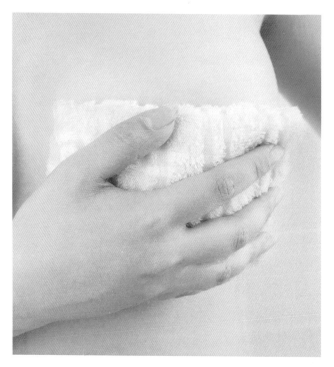

干货！干货！

育婴师说

怎么排空乳房

其实乳房无法完全排"空"，只能说尽量排出乳汁，而方式就是多让宝宝吸吮。宝宝吸吮一边乳房，刺激催乳素的产生，但无法使另一侧乳房也有泌乳反射，所以每次哺乳应尽量让宝宝两边都吸吮。

宜采取一侧乳房先排空法

妈妈有没有在哺乳的时候发现这样一个现象——当一侧乳房被宝宝吸空后，就能在下次哺乳时产生更多的乳汁；如果一次只吃掉乳房内一半的乳汁，那么下次乳房就会只分泌一半的乳汁。

宝宝吸吮的乳汁越多，乳汁分泌也就越多。排空乳房的动作类似于宝宝的吸吮刺激，充分排空乳房，会有效刺激催乳素大量分泌，可以产生更多的乳汁。有些宝宝可能在出生的最初几天吸吮力弱或次数不足，所以，在吸吮后排空乳房就显得更为必要。

一侧乳房先被吸空，可使乳腺保持畅通，减少宿乳瘀滞，有效预防乳腺管堵塞，预防乳腺炎。

具体做法如下：

1. 让宝宝完全吸空一侧乳房，再吃另一侧。

2. 下次哺喂时，让宝宝先吸未吃空一侧的乳房，可保证乳汁充分分泌。

3. 如果宝宝吃完一侧乳房后就饱了，妈妈应该用手或吸奶器将另一侧乳房的乳汁挤出来。

4. 妈妈在哺乳后可在离乳头约3厘米处挤压乳晕，并沿着乳头从各个方向依次挤净所有的乳窦，以排空乳房内的余奶，这样做能促进乳汁分泌。

单侧乳房必须吃够10分钟吗

不少人都说让宝宝一边乳房吃够10分钟，再换另一边吃，这样才能保证吃饱。

其实，是否需要吃够10分钟，是因人而异的。因为有的妈妈乳房容量偏大，如果只吃10分钟会使宝宝还没有吃完就被迫吃另一边的奶。最好是让宝宝自己决定什么时候不吃一边，然后再换另一边。当他自己不吃了，或者睡着了，妈妈可以试一下让宝宝吃另一边，有的宝宝会吃，有的宝宝不需要吃了，不用强迫他。

当然，如果宝宝吃完一边就饱了，要将另一边的奶挤出，或者下次喂奶时让宝宝吃上次没有吸吮的那侧乳房，以免造成双侧乳房不对称或泌乳越来越少的情况。

乳房容量、宝宝胃容量和其他很多因素都会导致宝宝吃奶的方式不一样。所以喂奶时"看宝宝，别看表"。宝宝会告诉我们，他什么时候吃饱了，什么时候还要吃。

干货！干货！

育婴师说
哺乳时看着宝宝

宝宝吃奶时，妈妈应安静地看着宝宝。如果宝宝的眼睛睁开，妈妈应和宝宝的眼睛对视。妈妈一定要用温柔的目光注视宝宝的眼睛，也可以和宝宝说说话，这样宝宝会把看到的妈妈的脸、听到的妈妈的声音和闻到的妈妈的气味联系起来，从而安心快乐地吃奶。

注视着宝宝吃奶还有一大好处：宝宝的吸吮动作会刺激妈妈泌乳，从而让宝宝有更多的奶吃。

宝宝只吃一侧奶有原因

有些宝宝只吃一侧奶，这时，妈妈就要找到原因，并加以纠正。

1. 妈妈用手习惯问题，大多数妈妈习惯用右手，因为右手抱起宝宝来会更有力，更让宝宝感觉到舒服，如果是这种情况，可以采用侧卧式哺乳方法，将宝宝放在床上哺乳。

2. 妈妈两侧乳房的乳腺通畅情况不一样，一旦宝宝觉得在一侧吃奶比较吃力，就会不爱吸吮这一侧的乳房，妈妈应当用按摩的手法疏通乳腺。

3. 在宝宝吃奶的时候，如果发生了令宝宝感到不安的情况，宝宝也会不喜欢吃那一侧的奶，如狗突然狂吠，或者妈妈因为宝宝咬疼了乳头而大叫，这都会对敏感的宝宝有影响。

宝宝的吸吮动作会刺激妈妈泌乳。

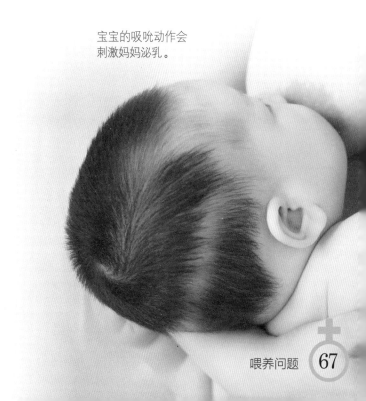

被误认为母乳不足的5个现象

宝宝频繁吃奶

新生儿阶段宝宝胃部容积小，再加上母乳容易消化，所以吃奶非常频繁，每24小时可以有8~12次。另外在宝宝猛长期，如3周、3个月、6个月时，宝宝的食量也会增加，但这并不是母乳不足的表现。

宝宝吃奶时间缩短

随着宝宝的长大，宝宝吃奶的时间会逐渐从半小时缩短到5~10分钟，这并非是乳汁不足。而是宝宝掌握了吸吮的技巧，能够更快地吸吮到乳汁。

比别的宝宝长得慢

每位妈妈的身体情况和每位宝宝的睡眠、吃奶规律都是不同的，宝宝的体重增长低于别的宝宝也不一定就是母乳不足。只要宝宝自己的体重增长在正常范围内就说明母乳是充足的。

乳房漏奶减少或不再漏奶

并不是说越漏奶母乳就越充足，不漏奶就是母乳不足。漏奶和母乳是否充足无必然关系。漏奶常常发生在宝宝出生的最初阶段，等宝宝的吃奶量和泌乳量趋于平衡的时候，漏奶现象自然就会消失。

感受不到奶阵

每位妈妈对奶阵的敏感度不一样，没感觉到奶阵并不代表没有喷乳反射或是会影响泌乳量。妈妈不必纠结于有没有奶阵，应该放松心情，顺其自然才能更好地哺乳。

妈妈可以根据宝宝的体重判断是否需要加配方奶。

> **育婴师划重点：** 宝宝吃完母乳后还能吃奶不一定是因为肚子饿，还有可能是有额外的吸吮需求，不要急于添加配方奶。

育婴师说

干货！干货！

乳汁不足的调理

乳汁不足可以通过宝宝频繁吸吮来解决，另外，妈妈还要注意自我调理。

1. 哺乳期选戴合适胸罩。舒适、合身的哺乳胸罩更方便哺乳。

2. 喂奶前后护理乳房。每次喂奶前后都要洗净双手，清洁乳头及乳晕。

3. 保护好乳头。乳头裂伤时将乳汁挤出或吸出后喂给宝宝，用鱼肝油软膏或蓖麻油涂于乳头上。不要让宝宝含着乳头睡觉。

4. 防止乳房变形。游泳能通过水的压力对胸部进行按摩；做一做扩胸运动，可锻炼胸部肌肉，使胸部结实。

每次喂完奶都要拍嗝

喂完奶后不能直接把宝宝放在床上，要给宝宝拍嗝。因为宝宝的胃呈水平位，而且在吃奶时吞入空气，很容易溢奶，人工喂养的宝宝也需要拍嗝。

妈妈一手托住宝宝的头和脖子，另一只手支撑宝宝的腰和臀部，将宝宝竖着抱起来，让宝宝的下颌可以靠在大人肩膀上（肩膀上最好垫一块毛巾，以防有奶水溢出）。手掌略微拱起，呈半圆弧状，用空掌轻拍宝宝背部，利用振动原理，慢慢地将宝宝吞入胃里的空气拍出来，直到听到宝宝打嗝为止。

打完嗝后，用抱起宝宝时的姿势，把宝宝轻轻放到床上。新生宝宝溢奶是很常见的现象，这种情况一直要持续到宝宝三四个月大。当宝宝贲门肌肉的收缩功能发育成熟后，吐奶的次数就会逐渐减少。

夜间喂奶虽然辛苦，但妈妈也要注意喂奶后要给宝宝拍嗝。

拍嗝时宝宝不要完全平躺

拍嗝时，让宝宝维持30°～45°的倾斜，不要完全平躺，如果宝宝已经大到可以坐着，维持90°坐在妈妈腿上也可以。另外，由于拍嗝大都是在宝宝喝完奶后进行，因此力度要拿捏好，避免拍太重否则宝宝会溢奶。

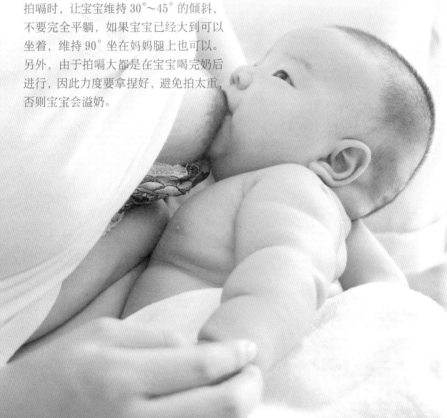

育婴师说

三种拍嗝姿势

喂奶后给宝宝拍嗝，可以预防宝宝溢奶、吐奶等问题，方法如下：

俯肩拍嗝法： 宝宝趴在妈妈的肩膀上，最好让头探出肩膀一点点，一手托住宝宝的小屁股，另一只手轻轻拍打他的后背，直到宝宝打嗝为止。

坐腿拍嗝法： 宝宝坐在妈妈腿上，妈妈的一只手托住宝宝的下巴或上半身，撑住宝宝的身体，另一只手轻拍宝宝背部。

俯腿拍嗝法： 宝宝趴在妈妈的大腿上，一手撑住宝宝，一手轻轻拍打背部。

母乳喂养也要喝水吗

联合国儿童基金会提出了"母乳喂养新观点"，认为在通常情况下，母乳喂养的婴儿在 4 个月内不必刻意添加任何食物，包括水。

因为母乳的成分约 80% 都是水，这些水分一般能满足宝宝新陈代谢的正常需要，不需额外再喂水了。

但是当宝宝出现一些特殊的情况，比如生病吃药或夏天洗澡之后，需要给宝宝适当地喂一点水。这时，添加的水量也不要太多，否则会加重宝宝肾脏的负担，影响母乳的摄入，反而不利于宝宝的健康。

如果担心用奶瓶喂水会使宝宝产生乳头混淆，可用小勺子给宝宝喂水。

母乳喂养的宝宝什么时候补水

母乳喂养的宝宝一般不需要喝水，这是因为母乳中含有充足的水分，母乳中的水分就可满足宝宝的需要。但有一些时候，宝宝会大量失水，就要及时补水。

两顿奶之间

在两顿奶之间，可以适当喂宝宝一点水，尤其在天气炎热的夏天，或是干燥的秋天，或者宝宝出汗多、咳嗽、鼻塞时，需要多补水，同时还能起到清洁口腔的作用。

吃离乳食物时

在吃离乳食物的时候可以给宝宝喝一点水，但是要注意量，不能影响到宝宝的食欲，而且最好是白开水，这样就不会影响宝宝吃正餐了。

外出时

尤其在干燥炎热的季节，外出很容易流汗，所以妈妈应该随身携带一瓶水，在宝宝口渴的时候及时给他补充。

大哭以后

哭泣可是一项全身运动，宝宝经历了长时间的激烈哭泣以后，不仅会流很多眼泪，还会出很多汗，所以需要补水。

洗完澡以后

洗澡对宝宝来说也是一种运动，会出很多汗。所以洗完澡以后应该给宝宝补充水。

生病吃药后

如宝宝发生高热、腹泻，出现脱水情况时，或服用了磺胺类药物时，妈妈就必须给宝宝喂水，补充宝宝流失的水分，防止宝宝出现缺水的状况。

母乳喂养的宝宝不易"上火"

"上火"是中医和民间的说法，现代医学解释是炎症，多是由各种细菌、病毒引起，或是由于积食、排泄不好所致。春天和秋冬季节气候干燥，更是"上火"的高发期，但是母乳喂养的宝宝就能远离"上火"，这是因为母乳中富含水分，完全可满足宝宝身体所需的水分。而吃配方奶的宝宝还要在两次喂奶之间加喂一次水。

宝宝吃着吃着就睡着了，要叫醒吗

吃奶对宝宝来说是一项运动，加上喂奶时宝宝都依偎在妈妈的怀中，既温暖舒适又安全，宝宝确实会享受如此良好的睡眠环境。但这时的睡眠常不是完全的安静睡眠，当妈妈把乳头或奶嘴拔出，宝宝就醒了。

如果宝宝总是没吃几分钟就睡着，时间长了会影响体重增长。所以，妈妈在喂奶时可以不断刺激宝宝的吸吮，当感觉到宝宝停止吸吮了，就轻轻动一下乳头，宝宝又会继续吸吮了。必要时还可轻捏宝宝的耳郭或拍拍宝宝的脸颊、弹弹足底，给他一些觉醒刺激，延长兴奋时间，使宝宝吃够奶。只有在宝宝吃饱后才让他好好睡一觉，培养宝宝养成良好的吃奶习惯。

育婴师说

夜间哺乳

宝宝在夜间对母乳的需求，在其一天所需营养中占有相当大的比重，即使是 10 个月大的宝宝，也有 25% 的母乳是在夜间进食的。

妈妈可以根据宝宝的发育情况，调整喂夜奶的时间。如果发现宝宝的体质很好，就可以设法引导宝宝断掉凌晨 2 点左右的奶。妈妈可以把晚上临睡前九十点钟这顿奶，顺延 2 个小时左右。吃完这顿奶后，宝宝起码可以在凌晨四五点以后醒来再吃奶。这样就不会影响休息了。

巧妙地抽出乳头

宝宝知道自己什么时候饱了，该停止吃奶了。但有些淘气的宝宝对乳头恋恋不舍，即便吃饱了也会叼着玩，这时就需要妈妈来帮忙了。但不要强行用力拉出乳头，这样会引起疼痛或皮肤破损，应让宝宝自己张口将乳头自然地吐出。

方法 1：妈妈可将食指伸近宝宝的嘴角，慢慢让他把嘴巴松开，再抽出乳头。

方法 2：妈妈还可用手指轻轻压一下宝宝的下巴或下嘴唇，这样会使宝宝松开乳头。

方法 3：当宝宝吃饱后，妈妈可将宝宝的头轻轻压向乳房，堵住他的鼻子，宝宝就会本能地松开嘴巴。

妈妈感冒后的哺乳窍门

产后的妈妈容易出汗，再加上抵抗力降低及产后的忙碌，很容易患上感冒，此时该不该给宝宝喂奶就成了妈妈的一个难题。

刚出生不久的宝宝自身带有一定的免疫力，妈妈不用过分担心感冒传给宝宝而不敢喂奶。如果感冒时不伴有发热的症状，妈妈需多喝水，吃清淡易消化的食物，还可以在医生的指导下吃些刺激性小的中成药。但要注意的是，要在吃药前哺乳，吃药后半小时以内不喂奶；注意卫生，勤洗手，尽量不要对着宝宝呼吸，可以戴口罩防止传染；同时最好有人帮助照看宝宝，自己能有更多时间休息。

如果感冒并伴有高热，可暂停母乳喂养一两天，停止喂养期间，要经常把乳汁挤出，以保持日后继续母乳喂养。

乳腺炎期间成功兼顾哺乳

宝宝最需要母乳的时候，却偏偏是妈妈最容易得乳腺炎的时候。发病时主要表现为乳腺红肿、疼痛，严重者会化脓，并形成脓肿，还常伴有发热、全身不适等症状。发生乳腺炎的主要原因是细菌感染、乳汁瘀积等。

妈妈在感到乳房疼痛、肿胀甚至局部皮肤发红时，要勤给宝宝喂奶，让宝宝尽量把乳房的乳汁吃干净，否则会使乳腺炎症状加重。

同时，妈妈可以采用热敷、按摩的方法进行自我护理，或去医院治疗。由于乳腺炎只感染乳房组织，与乳汁无关，因此不会传染给宝宝，可以继续喂奶。

育婴师说

干货！干货！

吃药就不能哺乳

妈妈生病了，吃药了，就不能哺乳了？其实能不能哺乳，还得看吃了什么药，不能一味拒绝吃药。

妈妈在就医时，要向医生说明自己正处在哺乳期，听从医生的建议。另外，妈妈还应该仔细阅读药品说明书，对于那些可能对宝宝的身体造成损害的药，妈妈要尽量避免服用，如果因为病情需要而服用了可能对宝宝不利的药物，应暂时停止哺乳数日。

在服药期间最好不哺乳，服药4个小时后再哺乳。

育婴师划重点：为了减少药物对宝宝的影响，妈妈可在哺乳后马上服药，并推迟下次哺乳的时间，最好是间隔4小时以上，以便更多的药物完成代谢。

乳头皲裂的妈妈，每次喂奶最好不超过20分钟。

乳头皲裂怎样喂奶

很多妈妈刚刚开奶，奶量不多，乳头娇嫩，没能正确掌握哺乳的姿势。初生的宝宝不懂心疼妈妈，会用力吸吮。这些都有可能导致乳头皲裂，防治乳头皲裂的措施有：

每次喂奶最好不超过20分钟，还要采取正确的哺乳方式，让宝宝含住乳头和大部分乳晕。

对于已经裂开的乳头，可以每天使用熟的食用油涂抹伤口处，促进伤口愈合。

喂奶前妈妈可以先挤一点奶出来，这样乳晕就会变软，有利于宝宝吸吮。

当乳头破裂时，可先用凉温的开水洗净乳头破裂的部分，接着涂以10%的鱼肝油铋剂，或复方安息香酊，或用中药黄檗、白芷各等分研末，用香油或蜂蜜调匀涂患处。

如果乳头破裂较为严重，应停止喂奶24~48小时，也可使用吸奶器和乳头保护罩。

乳头疼痛严重，可以考虑使用乳头罩

乳头疼痛情况严重的妈妈，还可以使用乳头罩，这是一种柔软的硅胶奶头，正好罩在乳头和乳晕部位。宝宝吸吮乳头罩，就能从妈妈的乳房获得乳汁。但乳头罩不能长期使用，以免因为乳房刺激不够，出现泌乳量减少的情况。

育婴师说
用手指挤奶

妈妈乳头破损、乳汁过多，可以尝试以下方法，将多余乳汁挤出，避免乳汁堵塞、伤口加重的情况。

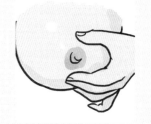

1. 拇指在上，其余四指在下托住乳房，握成一个C形。将拇指和食指及中指放在乳头后方2.5~4厘米处，以乳头为中心，向胸壁方向挤压半径约3厘米的区域。

2. 做有规律的一挤一放的动作，指腹向乳头方向滚动，同时将手指的压力从中指移动到食指，将乳汁推挤出来。不要挤压乳头，因为挤压或拉乳头并不会促使乳汁流出。

抓紧每一个亲喂的机会

实际上，吸奶器远不如宝宝的小嘴对妈妈的乳房更有刺激感，所以背奶妈妈一定要珍惜亲自哺乳的机会。即便是在工作日，只要安排合理，也可以有四五次的亲喂机会。

周末或节假日的时候，尽情享受亲喂的美妙吧！不少背奶妈妈都有这样的感触，快到周末的时候，泌乳量会减少，而经过周末两天宝宝的吸吮，到周一的时候，乳汁居然又多了起来，乳房感觉满满的、胀胀的，这就是亲喂的神奇之处。

妈妈在家时要增加亲喂次数，既可以增加母子间的感情，还能增加泌乳量。

职场妈妈怎么坚持母乳喂养

产假转瞬即逝，很快就需要从全心全意在家带宝宝的状态切换回朝九晚五的上班族生活。上班也要坚持给宝宝母乳喂养，让这37℃的母爱持续更长时间。

妈妈提前准备

每一个重返职场的妈妈，在重新投入工作时可能都会感觉不适应。提前熟悉工作环境，在正式工作前，做好上班的心理准备，和同事沟通公司发生的变化等，都有助于妈妈顺利进入工作状态。

回到工作岗位的妈妈要同时扮演两个角色，一天下来，无论从情绪还是体力上来说都是很疲惫的。在这期间妈妈如果遇到什么困难或紧急情况，要寻求可以随叫随到的亲人帮忙。

让宝宝提前适应

妈妈在上班前，就要让宝宝适应一下自己不在身边的感觉。在准备上班的前一个月或半个月，妈妈就要试着把乳汁挤出来放在奶瓶里，由看护人喂宝宝。

上班 ≠ 断奶

干货！干货！

产假休完了，妈妈又回到了忙碌的工作状态中。一些工作单位离家比较远的妈妈就想给宝宝断奶了，还有的妈妈担心工作压力大，奶量少，也准备给宝宝断奶，这真是得不偿失。妈妈完全没有必要仅仅因为上班就人为地剥夺宝宝最好的"口粮"。只要坚持母乳喂养，进行合理催奶、背奶，即便是回归了工作，妈妈也能不断奶。

背奶妈妈保持母乳产量的技巧

大部分妈妈因为乳汁越来越少，被迫放弃了母乳喂养。那么如何让乳房分泌足够的乳汁，让妈妈在背奶的路上走得更久呢？

增加吸奶次数

这是维持奶量的最好办法。如果妈妈能在离开宝宝的时间内做到每3个小时挤一次奶，或者8~10个小时内挤3次奶，基本上总体产奶量就可以保持不变。

两侧乳房同时吸奶

产奶量少的背奶妈妈可以选择双边电动吸奶器，两侧乳房同时吸奶可以促进分泌催乳素。

增加液体摄入

工作一忙起来妈妈往往就忘了喝水、喝牛奶，可以在电脑上贴张便条，提醒自己补充水分。

按摩乳房

吸奶前，从腋窝开始，直至乳房，用指尖画小圈，以螺旋式手法逐步向下按摩至乳晕，然后再开始吸奶。

多想想宝宝

吸奶的时候，如果能一边吸一边想宝宝，也会刺激乳汁分泌，或者带张宝宝的照片，吸奶前给家里打个电话听听宝宝的声音，都可以刺激乳汁的分泌。

学会排解工作压力

不要把自己搞得很紧张，保持工作的有条不紊和高效率可以让妈妈更加轻松。

保持充足的睡眠

家人要多体谅妈妈，多替妈妈分担些家务活，让工作了一天的妈妈有个优质的睡眠，这对妈妈和宝宝都有益。

干货！
干货！

育婴师说

背奶细节

挤奶时间

在公司挤奶的时间和宝宝在家吃奶的时间相对应。遵循这个规律，妈妈下班的时候就能增加亲喂次数哦！不然，宝宝刚吃饱，妈妈就胀奶了，这样就错过了一次亲喂的机会。

泌乳量下降别焦虑

出于各种原因，妈妈的乳汁产量会出现偶尔下降的情况，妈妈不必焦虑。建议妈妈放松心情，然后增加挤奶次数和亲喂的次数。

不要带太多储奶瓶

妈妈上班时间挤3次奶就可以了，所以不要带太多储奶瓶。如果吸奶次数多，也可以将冷藏的两瓶同样温度的奶倒在一个储奶瓶里。

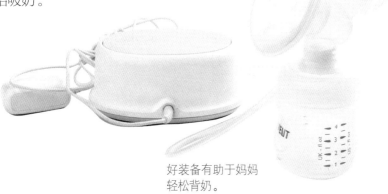

好装备有助于妈妈轻松背奶。

背奶给宝宝，是为了延续母乳喂养。妈妈在家时，还是要给宝宝亲喂，以刺激泌乳。

吸奶空间

卫生间

如果只能在卫生间吸奶的话，妈妈可以搬把椅子进去，放吸奶的各种工具。不过，最重要的是，要避开如厕高峰期，以免妈妈产生焦急心理，影响乳汁分泌。

会议室

会议室一般都比较僻静，而且隔音效果比较好，几乎听不到吸奶器的声音。背奶妈妈可以和领导沟通一下，在不开会的时候占用一下。

茶水间或会客室

茶水间或会客室也可以作为不错的吸奶室，背奶妈妈要学会见缝插针地使用这些公共空间。不过，在使用茶水间或会客室吸奶时，背奶妈妈最好在门上贴一张"门贴"，防止有人突然闯入。

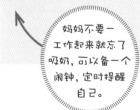

妈妈不要一工作起来就忘了吸奶，可以备一个闹钟，定时提醒自己。

背奶工具准备好

"工欲善其事，必先利其器"。对于想要坚持母乳喂养的背奶妈妈来说，好装备是让背奶更轻松的保障，背奶妈妈可以听听背奶达人的建议，选择适合自己的背奶工具。

吸奶器

目前，市售吸奶器分手动和自动两种。手动吸奶器轻巧灵便，易于携带，而且基本静音。但是效率可能会低一些，时间长了，妈妈的手腕也会比较疼。电动吸奶器操作方便，效率更高，省时省力，但是要带一个泵，组件比较多，所占空间比较大，不易携带。

储奶瓶或储奶杯

储奶瓶有标准口径和宽口径两种，和奶瓶一样，都有刻度。大多数品牌的储奶瓶都有原配的密封盖，可以作为奶瓶和储奶瓶使用。储奶杯与储奶瓶功能相似，一般可清洁、消毒后反复使用三四次，它比储奶瓶成本高，但比储奶袋经济。

储奶袋

储奶袋为一次性用品，适合存储冷冻奶。现在的储奶袋有可立式、感温式以及可以直接连接吸奶器的，妈妈要注意这些细节。

保温包

保温包又称为"冰包"，用于为吸出的母乳保冷。妈妈可以根据单位远近、单位是否有冰箱等因素来选择。

蓝冰

蓝冰与冰袋一样，可以保存母乳，预防变质，而且蓝冰能更长时间地低温保存母乳。一般来说，冰袋的保鲜时间比蓝冰短，一般1块蓝冰相当于2~3个冰袋的保鲜时间，背奶妈妈要根据自身情况选择。

轻松背奶七步走

对于既要上班，还要保证泌乳量的妈妈来说，背奶是一件很累人的事情。其实，只要妈妈掌握了以下7点，背奶也可以很轻松。

头天晚上

对于公司没有冰箱或路程太远的背奶妈妈来说，在上班的前一天晚上就要把蓝冰放进冰箱冷冻室，另外还要检查一下上班要带的东西和背奶工具是否齐全，避免第二天早晨手忙脚乱地翻找东西。

临出门前

再亲喂一次宝宝，既能满足宝宝，也可避免在上班路上出现胀奶。

上班期间

最好每隔两三个小时吸一次奶，例如可以在10：00/12：00/14：30/16：30左右吸奶，并及时将储奶瓶放进冰箱冷藏室。

下班前

把冷藏在冰箱里的储奶瓶和冷冻的蓝冰一起装进保温包里。

第二天起床后

把吸奶器、空的储奶瓶、冷冻好的蓝冰装进保温包，储奶瓶可根据需要多带几个。

到公司后

第一时间就要把蓝冰拿出放进冰箱的冷冻室，如果没有冰箱，就得把装有蓝冰的保温包放在一个避光且温度相对较低的地方。

到家后

先把保温包里的储奶瓶拿出，放进冰箱冷藏室，将蓝冰也拿出来放进冷冻室，以备第2天再用。

母乳变质

妈妈在吸奶、储奶过程中一定要注意卫生，避免在放进冰箱前就造成母乳污染，发生变质。储存的母乳最好尽快食用完，冷藏最好不超过半个月，冷冻最好不超过6个月。有些妈妈储存了太多奶，那么该如何辨别是否变质了呢？

我们要仔细观察，母乳中如果有絮状物沉淀，说明母乳已经严重变质，不能食用了。

如果观察发现没有明显沉淀，只有少许沉淀，这时候就要打开盖子闻闻看，是否有酸酸的味道，如果有就是变质了。

再如，我们可以把母乳倒出来，观察乳汁的流动性。变质的母乳会变得更加浓稠，流出来的速度较慢。

单纯的母乳分层不是变质现象，有絮状沉淀物的母乳是变质了，不能再给宝宝吃了。

母乳可以储存多久

妈妈每天辛辛苦苦地把奶背回家，如何最大限度地保持母乳的营养呢？这就涉及母乳的保存和解冻了。掌握了相关知识和技巧，你会发现，这些其实很简单。

别装太满：不要将奶装得太满或将储奶瓶盖得太紧，以防母乳冷冻结冰后膨胀而将容器胀破。以不超过容器容积的3/4为宜。

注明时间：在容器外贴上挤奶时间及储存的时间，以便清楚地记得母乳保存的期限。

冷藏位置：冷藏母乳要放在冰箱内靠近内壁的地方，而不是冰箱冷藏室门内侧的储物格上。

分装成小份：为避免浪费，可将母乳分成小份(60~120毫升)冷藏。

储存地点	储存温度	储存时间
室温下	25℃	4~6 小时
室温下	19~22℃	10 小时
室温下	15℃	24 小时
冰箱冷藏室	0~4℃	8 天
冷藏室内的冷冻格	不定	2 周
一般冰箱冷冻室	不定	3~4 个月
恒温深冻冰箱	-19℃	6 个月

千万不要反复温热母乳

冷藏的母乳一旦复温，就不可以再次冷冻或冷藏，也不可以反复温热后给宝宝吃，以免营养损失。解冻的母乳更加不建议再次冷冻。所以，妈妈最好选择容量小的储奶瓶或储奶袋，国际母乳会推荐一份冷藏的母乳量为60毫升，妈妈也可根据宝宝的食量进行调整。

干货！干货！

简单五步，复温母乳

妈妈辛辛苦苦背回了奶，又小心翼翼地放冰箱里冷冻保存了，结果一个不留神，在复温母乳的时候出了差错，宝贵的母乳就这样浪费了，妈妈的心都要碎了。所以，一定要学会正确的复温母乳方法，保护好宝宝的"口粮"。

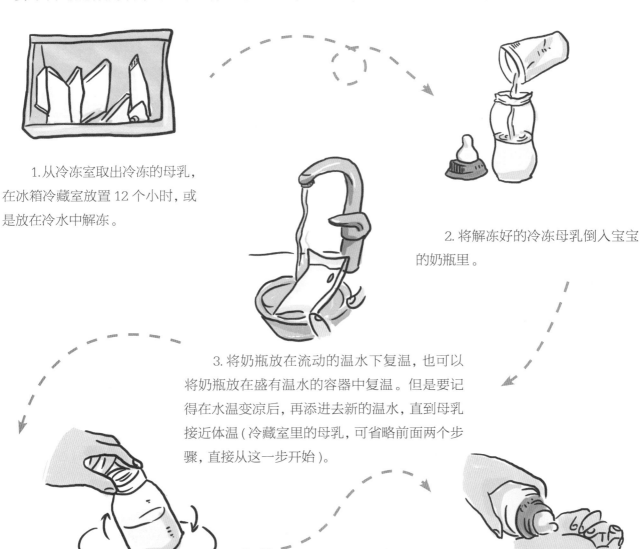

1.从冷冻室取出冷冻的母乳，在冰箱冷藏室放置 12 个小时，或是放在冷水中解冻。

2.将解冻好的冷冻母乳倒入宝宝的奶瓶里。

3.将奶瓶放在流动的温水下复温，也可以将奶瓶放在盛有温水的容器中复温。但是要记得在水温变凉后，再添进去新的温水，直到母乳接近体温(冷藏室里的母乳，可省略前面两个步骤，直接从这一步开始)。

4.不管是哪种复温，都要不停地用手转动奶瓶，以达到均匀受热的目的。

5.复温结束后，要滴一滴奶液在手腕内侧，如果接近手腕温度就说明成功了，可以给宝宝喂奶了。

育婴师纯干货——母乳充足关键词

许多年轻妈妈在体验了初为人母的欣喜时，也深知母乳喂养对宝宝身心发育的重要性，非常渴望能成功地给自己的宝宝进行母乳喂养。但在母乳喂养的过程中，许多妈妈也常常担心母乳不足，怕宝宝吃不饱。别担心，每一位妈妈都能成为健康的"奶牛"。

1 **宝宝勤吸吮、早吸吮**：吸吮是宝宝的先天本能，吸吮刺激得越早，乳汁分泌得就越早，泌乳量也就越多。另外，宝宝的哭声也是乳汁分泌的一种强有力的刺激因素。早开奶、早刺激、母子同室等，都可以促进乳汁分泌。

2 **排空乳房**：哺乳时应该左右乳房轮换着喂，先吃空一侧的乳房再换另一侧。下次哺乳也应该从上次哺乳最后被吃的一侧乳房开始。多余的乳汁可以挤出来，这样有利于乳房的排空和乳汁的再分泌。

3 **保证充足睡眠**：乳汁分泌的多少与妈妈的睡眠质量也有直接关系。家人和护理人员要为妈妈提供良好的休息环境，确保每天的睡眠时间在8小时以上，让妈妈轻松度过产后时光。妈妈每天需要喂奶6~8次，而且哺乳几乎不分昼夜，夜间睡眠质量很难保证，所以白天需要找时间小睡。最好的办法就是妈妈根据宝宝的作息时间调整自己的睡眠时间，宝宝睡妈妈也睡。

4 **心情愉悦**：心情不好会回乳！这可不是危言耸听。因为乳汁的分泌与内分泌有关，而心情能影响内分泌。妈妈任何的情绪波动，如烦躁、伤心、生气、郁闷等，都可能通过大脑皮层影响垂体的活动，从而抑制催乳素的分泌。

5 **补充水分及蛋白质**：每日喝牛奶、多吃新鲜蔬果，都可以帮助妈妈通乳催乳。另外，妈妈要重视水分和蛋白质的充分摄入，这是乳汁分泌的物质基础，水分每天应摄取2 700~3 200毫升，蛋白质每天需要90~100克。

6 **催乳汤**：适时喝些催乳汤，能够帮助妈妈泌乳，但一定不要在产后立即喝催乳汤，因为刚生产完的妈妈身体还很虚弱，饮食的重点应该是开胃和补气养血。而且刚出生的小宝宝吃奶量很小，不用担心奶水不够吃。一旦提早催乳，而宝宝又吃不了那么多，反而会造成乳汁瘀积，容易诱发乳腺炎。所以妈妈一般应从产后第3周开始喝催乳汤。在3周以后，如果依然缺乳，也要弄清楚是真的缺乳还是因为输乳管不通畅导致的。如果是输乳管阻塞，就要及时疏通，而不是盲目喝催乳汤。

7 **按摩催乳**：按摩催乳秉持的原则是理气活血，舒筋通络，可以迅速解决乳痛、乳胀、乳汁分泌不足等问题。不过需要注意的是，哺乳期的女性乳房容易发炎，按摩的时候必须注意手法，手法不准确或手劲太大，都可能引起乳腺管堵塞加重，严重者可能会引发炎症。

8 **增加喂奶次数**：宝宝吸吮越多，妈妈产生的乳汁越多。妈妈乳汁不足时，可在一天之内坚持喂宝宝十多次，千万不可轻易放弃母乳喂养。如果有条件，安排几天时间，让宝宝不离开自己，一有机会就喂奶，这样坚持三天，泌乳量会明显增多。喂完一侧乳房，如果宝宝哭闹不停，不要急着给奶粉，而是换另一侧乳房继续喂。一次喂奶可以让宝宝交替吸吮左右侧乳房数次。妈妈要记住，乳汁是不会被吃干的，而是越吃越多。

干货！干货！

育婴师说

催乳茶功效

不少妈妈会对网上传得神乎其神的催乳茶动心思，真有那么神奇吗？其实，喝催乳茶只是辅助催乳，要想乳汁充盈，还得宝宝多吸吮才行。自己做的各种催乳汤如鲫鱼汤、猪蹄汤、蔬菜汤才最健康，如果有需要，可以让医生开一些催乳的中药。但需要注意的是，中药催乳的方法虽然可行，但一定要根据自身的情况服用，别人的中药催乳方子不能随便用。

混合喂养

母乳是新生儿最好的食物，但当母乳不足或不能按需哺乳时，应采取混合喂养的方式。这样既能保证宝宝的营养供给，又不会导致妈妈回乳。

什么情况下需要混合喂养

很多妈妈都说，自己的宝宝无时无刻不想吃奶，担心这是因为自己的母乳不足，宝宝没有吃饱。其实，宝宝老想吃母乳不一定就说明他饿了，有些宝宝吃奶是为了寻求安慰。

在宝宝出生后的头一两个月内，很多宝宝吸吮母乳的次数都会非常频繁，这是正常的，宝宝吃母乳的次数多不一定说明母乳不足。因为宝宝刚出生时的胃容量很小，很容易饿。

如果宝宝还很小，那么在考虑要不要给他添加配方奶粉进行混合喂养时，妈妈需要特别谨慎。如果已经断定了母乳不足，并且宝宝体重增长速度太慢，没有达到标准体重，就可以选择进行混合喂养。妈妈也可以参考以下3种情况，来判断宝宝是否真的需要添加配方奶粉。

1. 新生儿的体重下降幅度超过正常值。

宝宝在出生后的前十天，体重会下降到出生时体重的90%~95%。10~15天后，宝宝每天会增重50克左右。到满月时，宝宝的体重会比出生时增长1 000克左右。

如果宝宝体重下降幅度超正常值或3周后体重增加不足，可考虑混合喂养。

2. 尿量不足。

宝宝长到第5天后，24小时内尿湿的尿布不足6块，说明宝宝没有得到足够的营养。

3. 宝宝情绪不好。

宝宝大部分时间都很烦躁或特别嗜睡，此时也应混合喂养。

但需要注意的是，混合喂养容易发生的情况就是放弃母乳喂养。有的妈妈奶下得比较晚，但随着身体的恢复，乳量会不断增加。所以不能因为混合喂养而放弃母乳喂养。

育婴师说

不过早添加奶粉

出生2周以内的宝宝，最理想的营养来源莫过于母乳。遇到母乳不足的情况时，不可轻易添加配方奶或其他代乳品。宝宝出生后15天内，母乳分泌不足时，要尽量增加宝宝吸吮母乳的次数，只要有耐心和信心，乳汁会逐渐多起来的。如果宝宝每次吃完奶后都哭闹不止，应注意监测体重，如能达到每5天增加100~150克，也不必急于加喂配方奶粉。如果在宝宝一两个月大时就添加配方奶粉，可能会影响宝宝吸吮乳头的次数和每次吸吮的量，最终会导致母乳分泌不足。

一定要避免不必要的混合喂养，只要宝宝体重增长合理，妈妈可以不添加配方奶。

如何度过"暂时性哺乳期危机"

"暂时性哺乳期危机"表现为本来乳汁分泌充足的妈妈在产后第 2 周、第 6 周和 3 个月时自觉奶水突然减少，乳房无奶胀感，喂奶后半小时左右宝宝就哭着找奶吃，宝宝体重增加明显不足。

导致这种现象的原因是妈妈过于劳累、紧张，每天喂奶次数较少，每次吸吮时间不够。妈妈先不要盲目添加配方奶，进行不必要的混合喂养，可以从以下几方面着手。

1. 妈妈要保证充足的休息和睡眠，保持轻松、愉悦的情绪，这样有利于乳汁的分泌。

2. 每天适当增加哺乳次数，如果有条件全天陪伴宝宝，只要宝宝醒来，就让宝宝吸吮母乳，吸吮的次数多了、时间长了，母乳分泌量自然会增多。

3. 每次每侧乳房至少吸吮 10 分钟以上，两侧乳房均应吸吮并排空，这样有利于泌乳，又可让宝宝吸到含较高脂肪的后奶。

4. 宝宝生病暂时不能吸吮母乳时，可将奶吸出，用杯或汤匙喂宝宝。妈妈生病不能喂奶时，应按给宝宝哺乳的频率吸奶，这样可保证病愈后继续哺乳。

5. 月经期只是暂时性乳汁减少，经期中可每天多喂 2 次奶，经期过后乳汁量将恢复正常。

育婴师说

学习哺乳知识

学习正确的哺乳方式和宝宝发育知识能帮助妈妈远离不必要的混合喂养。可以增加宝宝吸吮乳头的次数，尤其是夜晚的喂奶次数，以此增加泌乳量。每次喂奶后还可以用吸奶器吸空乳房。这对增加泌乳量也会有帮助。

通过正确的哺乳方法，宝宝频繁的吸吮和妈妈喂奶后排空乳房，放松心情，加上适当吃催奶食物，大多数妈妈都可以成功避免不必要的混合喂养。

只要宝宝醒来就让他吸吮母乳，有助于度过"暂时性哺乳期危机"。

混合喂养的两种方法

混合喂养的方法有两种，它们各有优劣性和适宜性，妈妈们可根据实际情况，选择适合自己和宝宝的方法。

补授法

补授法是在喂完母乳后，立即给宝宝加喂配方奶的方法。母乳喂养的时间通常不超过 10 分钟，然后立即给宝宝喝配方奶。宝宝吸吮 10 分钟母乳，可吸入总量的 80%~90%，还能使妈妈乳房受到吸吮刺激，并能满足宝宝与妈妈亲密接触的心理。

适宜性：这种方法适宜 4 个月之内的宝宝，以及能够对宝宝进行全天喂养的妈妈。

优点：宝宝的频繁吸吮能刺激妈妈的泌乳反射，从而使乳汁分泌量增加，还有可能实现纯母乳喂养。

缺点：易使宝宝消化不良，并容易使宝宝对乳头产生错觉，从而引发厌食配方奶、拒绝用奶瓶吸吮的现象。

优化方法：可选用仿真乳头，这种乳头吸吮起来比较费力，跟吸吮母乳的感觉较像，宝宝容易接受。

代授法

一次喂母乳，一次喂配方奶或代乳品，轮换间隔喂食，这种方法叫代授法。妈妈也可以与宝宝在一起时喂母乳，不足部分或母子分离时采用配方奶替代。

适宜性：这种方法适宜 4 个月以上的宝宝。

优点：这种方法可逐渐用代乳品、稀饭、烂面条代授，从而培养宝宝的咀嚼能力，为断奶做准备。

缺点：这种喂法容易使母乳减少。

优化方法：每日母乳喂养的次数不少于 3 次，可使母乳分泌量保持在一定水平。

母乳和配方奶混合起来不利于宝宝消化。

育婴师说

干货！干货！

混合喂养不是混着喂

一次只喂一种奶，吃母乳就吃母乳、喝配方奶就喝配方奶。不要把母乳和配方奶混合起来，这样不利于消化。

有些妈妈觉得混合喂养就是要把母乳和配方奶混在一起，认为这样宝宝更容易接受，这其实是大错特错的。母乳和配方奶的营养成分有很大差别，混在一起不仅不利于宝宝消化，还会因为缺少宝宝的吸吮刺激，导致母乳分泌量进一步减少。而长时间用奶瓶喂养宝宝，也容易使宝宝产生乳头混淆。

4 个月以内的宝宝更适合补授法，4 个月以上的宝宝适合代授法。

> **育婴师划重点：** 不论采取哪种混合喂养方法，都一定要让宝宝定时吸吮母乳，补授或代授的奶量及食物量要适当，并且要注意卫生。

初始混合喂养需注意

产后因母乳不足，或妈妈体虚不能按需哺乳时，可适当给新生儿添加配方奶做补充，进行混合喂养。混合喂养虽然比不上纯母乳喂养，但优于人工喂养，尤其是在妈妈产后的几天内，不能因母乳不足而放弃母乳喂养。

坚持训练宝宝吸吮乳房

要注意的是一定要在刚分娩不久就训练宝宝吸吮乳房，因为这时宝宝的吸吮反射最强。不要先给宝宝用奶瓶喂奶，因为奶嘴容易吸奶，有的宝宝会因此偷懒，不愿费力吸母乳。

定时哺乳

如果妈妈因工作原因，白天不能哺乳，加之乳汁分泌不足，可以每天在特定时间哺喂，一般不少于3次，这样既能保证母乳分泌，又可满足宝宝每次的需要量。其余的几次哺喂可给予配方奶，这样每次喂奶量较易掌握。

不要随意更换配方奶的品牌

用配方奶最好选用妈妈信赖的品牌，不要随便更换。宝宝适应一种品牌后最好坚持下去，不要让宝宝的肠胃不断适应新的配方奶。

始终相信自己可以坚持母乳喂养

在混合喂养期间，坚持母乳喂养更加艰难。如果妈妈过于担心、睡眠不足或饮食不好，都可能会影响乳汁的分泌，情绪因素的影响尤其大。所以，妈妈首先应该做的事情是相信自己，相信每一位妈妈都可以通过自己的努力让宝宝吃到更多的乳汁。

妈妈身体虚弱时，可适当给宝宝添加配方奶做补充。

混合喂养工具

初次混合喂养时，注意不要使用橡胶奶嘴、奶瓶喂宝宝，以免造成乳头混淆，为以后实现纯母乳喂养造成障碍。

1. 小杯：月龄较大的宝宝，在初次尝试混合喂养时宜用小杯。

2. 小勺：可代替奶嘴给宝宝喂奶、喂水。小勺的大小可根据宝宝的月龄来更换。

3. 滴管：滴管是给月龄较小的宝宝使用的，可以控制奶量，避免宝宝呛奶。

代乳品不要用鲜牛奶

鲜牛奶蛋白质分子结构大，不容易被人体吸收，会加重肝肾负担，加之磷含量高，会直接影响宝宝对钙的吸收。

对于1岁以内的宝宝来说，配方奶是最佳的代乳品。配方奶以牛奶为原料，根据母乳成分进行了调配，改善了牛奶中不适合婴幼儿生理的成分，降低牛奶中的总蛋白质量，调整钙、磷、钠、钾等矿物质的比例。这样，配方奶更符合婴幼儿的生理特点，既减轻肝肾负担，有利于宝宝的心脑发育，又不易在胃内凝块，易消化吸收。因此，宝宝的代乳品最好选择更接近母乳且营养更全面均衡的配方奶。

鲜牛奶营养丰富，但还不适合1岁内、消化功能较弱的宝宝食用。

混合喂养不要太教条

妈妈在哺喂宝宝时，要根据宝宝的情况、妈妈乳汁的分泌情况、各种外界因素的影响，适时做出调整，不可太死板、教条，完全遵循前面提到的两种混合喂养方法。

针对月龄较小的宝宝，妈妈可以先喂约10分钟的母乳，让宝宝吃到高营养价值的母乳，然后补授一定量的配方奶，以避免优质蛋白质的不足。

由于工作或其他原因，不能全天母乳喂养，妈妈感觉奶胀时，应将乳汁挤出来，储存好，作为第2天宝宝的"粮食"。晚上回家后，让宝宝充分吸吮母乳，夜间也让宝宝以母乳为食。

若宝宝吃完母乳后，不肯再吃代乳品，而母乳的量虽少，但在间隔一次不哺乳后还够宝宝吃一顿时，就可以采取一顿纯吃母乳，下一顿完全吃配方奶的代授法。

个别宝宝吃完母乳后难以接受代乳品，而母乳又不够吃饱一顿，就只好采取先吃配方奶后吃母乳的方法。

混合喂养的宝宝，添加配方奶要从少量开始。

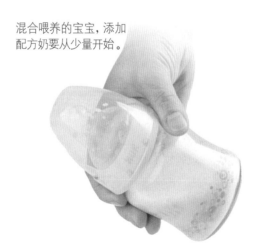

吃完母乳后，添加多少配方奶

混合喂养的宝宝添加多少配方奶粉才合适？妈妈可以先从少量开始添加，然后观察宝宝的反应。如果宝宝吃后不入睡或睡不到1小时就醒，张口找乳头甚至哭闹，说明他还没吃饱，可以再适当增加量。以此类推，直到宝宝吃奶后能安静或持续睡眠1小时以上。

由于每个宝宝的需要不尽相同，所以父母只有通过仔细观察和不断地尝试，才能了解宝宝真正的需要。

很多新手爸妈都习惯于多储存一些配方奶，以备不时之需。配方奶要放到阴凉干燥的地方，已开封的奶粉在每次使用后，一定要盖紧或扎紧袋口，然后存放于干净、干燥、阴凉的地方，避免光照。

无论奶粉是否开封，最好都不要放入冰箱保存。冰箱中湿度大，容易导致奶粉返潮。

使用烧开的自来水冲调奶粉更利于宝宝健康。

冲调配方奶选水有讲究

不要选择矿泉水或矿物质水

有人认为矿泉水或矿物质水更加洁净，所以更适合给宝宝冲调奶粉。实际上，新生宝宝的器官娇嫩，肝脏、肾脏等发育尚未完善，不能承受矿泉水或矿物质水中丰富的矿物质代谢，用这些水冲调奶粉会加重新生宝宝各脏器的负担。

提倡使用烧开的自来水为宝宝冲调奶粉。

不要使用放置时间过长的开水

空气中含有大量灰尘和细菌，开水放置时间超过 12 小时，水与空气充分接触，容易被空气中的细菌污染。所以给宝宝冲调奶粉时，最好不要选用静置时间过长的开水。

不要使用久沸的水

重复煮开或反复煮开的水中，硝酸盐及亚硝酸盐的浓度较高，不适宜饮用，也不要用来给宝宝冲调奶粉。

不要使用硬水软化器"软化"过的水

很多家庭因自来水"硬"，安装了硬水软化器，成人都饮用"软化"过的自来水，但最好不用这样的水为宝宝冲调奶粉。因为所谓的硬水软化器设备都是用钠盐置换原理，来除去水中多余的钙、镁等离子的，可能会增加"软化"过的水中的钠含量，也不利于宝宝健康。

育婴师说

不用开水、过滤水冲调奶粉

不少爸爸妈妈喜欢用开水冲调奶粉，这是错误的做法，因为水温过高会使奶粉中的乳清蛋白产生凝块，影响消化吸收。另外，某些遇热不稳定的维生素会被破坏，特别是有的奶粉中添加的免疫活性物质会被全部破坏。一般冲调奶粉的水温控制在 40~60℃为宜。

另外，有些家庭安装了自热式滤水器，认为既可过滤水中的多余杂质，也能设定水温，但其实这样做是对宝宝健康不利的，因为这种自热式滤水器的滤芯容易藏匿细菌，冲奶粉时，这些细菌随水进入奶粉中，影响宝宝健康。

配方奶的选择

　　配方奶除了有月龄区别外，还有普通婴儿配方奶、早产儿配方奶、不含乳糖配方奶、水解蛋白配方奶等差异，新手爸妈要仔细阅读配方奶说明，选择一款适合宝宝的配方奶。除此之外，新手爸妈在选购配方奶时也要注意以下几点。

看颜色

　　优质配方奶粉应是白色略带淡黄色的粉末，如果奶粉色深或呈焦黄色则为次品。

闻气味

　　优质配方奶粉打开包装后，可以闻到醇厚的乳香气。若打开包装闻到有异味，如腥味、霉味等，表示配方奶粉已变质，不能给宝宝食用。

摸摸看

　　优质配方奶粉摸起来应是松散柔软。如果配方奶粉结了块，一捏就碎，是受潮了。塑料袋装的配方奶粉用手捏时，感觉柔软松散，有轻微的沙沙声；罐装的配方奶粉，将罐慢慢倒置后，轻微振摇时，罐底无黏着。

冲调后观察

　　将配方奶粉放入温水中，摇匀后静置5分钟，优质配方奶粉会充分溶解于水中，不会出现沉淀物，而且会散发出浓浓的奶香味。若静置后奶瓶中有沉淀物，表面还有悬浮物，说明配方奶粉已变质，最好不要给宝宝喝。

看外包装

　　选择优质配方奶时，除了对内部配方奶粉进行仔细观察外，还要看清楚配方奶包装上的产品说明及标识是否齐全，是否有厂名、厂址、出产地、生产日期、保质期、执行标准、配料、营养成分、食用方法及适用对象等项目。若说明不详细清晰，不要购买。

干货！干货！

育婴师说

配方奶怎么选

市场上的配方奶多种多样，价格也高低不同，那么，是不是越贵就越好呢？其实，配方奶的价格与其品质并不能完全画等号。

许多妈妈不放心国产配方奶，会选择购买价格高一些的进口配方奶，但这并不意味着进口配方奶就是最好的。其实，许多进口配方奶是国内生产的。另外，进口配方奶不一定符合中国宝宝的体质。事实上，配方奶在营养成分上是差不多的。妈妈在选择配方奶时应该理性，最好选择品牌信誉度好，适合宝宝胃口的配方奶，不能简单地认为价格高的就是好的。

早产儿专用配方奶更适合消化系统较差的早产宝宝。

育婴师划重点： 早产儿消化系统发育差，需要混合喂养时，应选择专为早产儿设计的早产儿配方奶，能保证宝宝更好吸收，也不易引起宝宝过敏。

给宝宝冲调配方奶时，要控制好水温，不能过烫。

冲配方奶

1.用小匙舀出奶粉，再在奶粉桶上特意设置的桶边缘上把奶粉刮平，不要压。

2.用量杯测量温水量，把量取好的奶粉放进去。

3.用漏斗把冲好的奶倒进已经预热好的奶瓶里。

4.如果宝宝不是立即饮用，应把奶瓶的奶嘴倒放在瓶内。

冲调配方奶的技巧

配方奶中营养成分多，对操作方法要求较高，所以新手爸妈在冲调配方奶时，宜严格按照配方奶说明中的食用方法冲调。

洗净双手，取干净的冲调用具，在干净的桌面上进行操作。

将沸水冷却至 40~60℃，按照要冲调的配方奶量在奶瓶中倒入适量温开水，然后用配方奶搭配的量勺舀取准确分量的配方奶粉，加入奶瓶中，旋紧奶瓶的胶盖，使奶瓶密闭，充分摇动奶瓶，让配方奶粉与水完全融合。

如果宝宝没有哭闹，时间充足，新手爸妈也可以在其他容器中冲调好配方奶后，再倒入奶瓶中。在给宝宝冲调配方奶时，一定要先看配方奶的冲调说明和方法，然后再冲调，而且水温要控制好，不要过热。过热的水会破坏配方奶中的活性物质，从而降低配方奶的营养价值。

配方奶注意冲调比例

新生儿虽有一定的消化能力，但调配过浓会增加新生儿的消化负担，冲调过稀则会影响宝宝的生长发育。正确的冲调比例，按重量比应是 1 份配方奶粉配 8 份水，但此方法不方便，按容积比例冲调比较方便，容积比应是 1 份配方奶粉配 3 份水。如将配方奶粉加至 50 毫升刻度，加水至 200 毫升刻度，就冲成了 200 毫升的奶。

育婴师纯干货——混合喂养关键词

宝宝日渐成长，需奶量也日益增加，有些妈妈的泌乳量暂时不能满足宝宝的需要，此时就需要进行混合喂养，这样可以保证宝宝的健康发育。

育婴师干货分享：宝宝少生病吃得香睡得好长大个

1 **不要放弃母乳喂养**：每一位妈妈都要牢记，不要轻易放弃母乳喂养。暂时的母乳不足，需要其他代乳品来给宝宝供能，但是母乳的营养成分均衡全面和易消化、易吸收的特性都是更适合宝宝的。所以，不要轻易放弃母乳喂养，一定要勤让宝宝吸吮，保证充足的休息，通过饮食及按摩等方式促进泌乳。在泌乳量增多后，还能实现纯母乳喂养。

2 **避免造成乳头混淆**：乳头混淆的宝宝表现为不愿意通过吸吮妈妈的乳头来吃奶，有时一碰到妈妈的乳头就扭头躲开，或是哭闹不肯吸吮。解决乳头混淆的办法是预防，在宝宝还没有习惯妈妈的乳头前，尽量不要给宝宝使用奶瓶。如果宝宝已经出现乳头混淆，妈妈也要及时纠正，否则容易导致乳房受到的刺激减少，出现泌乳量减少的情况。

3 **乳头混淆纠正法**：很多混合喂养的宝宝都偏爱奶瓶，这是因为相比妈妈的乳房，奶瓶更容易吃到奶。妈妈可以将奶粉放进哺乳辅助器的瓶子里冲调好，把瓶子挂在妈妈脖子上，位置同宝宝的头高度相当。在喂奶的时候把哺乳辅助器的管子放入宝宝嘴里，或者将管子粘在乳头上，让宝宝同时含住乳头和管子吸吮。这样宝宝既能不那么费力就吃到奶，同时也刺激了妈妈的乳房，有助于增加泌乳量。

4 **不需要额外补水**：如果过多、过早给宝宝补水，可能会抑制新生宝宝的吸吮能力，使他们从乳房吸取的乳汁量减少，致使母乳分泌越来越少。给宝宝补水时，也要尽量用小勺或滴管喂，以免宝宝对橡皮奶头和乳头产生混淆，以致拒绝吸吮乳头，导致母乳喂养困难。而混合喂养的宝宝需不需要补水经常困扰着妈妈们。一般情况下，少量添加配方奶的宝宝是不需要补水的，他们和母乳喂养的宝宝一样，可通过妈妈的乳汁获取大量水分。

5 **妈妈不要攒奶**：很多混合喂养的妈妈总认为自己的母乳少，不够宝宝吃一次的量，就用代授法给宝宝喂一顿奶，母乳要攒着，让两顿奶一次喂给宝宝吃。其实这种观点是错误的。充分排空乳房，会有效刺激泌乳，可以产生更多的乳汁。如果宝宝没有吸空乳房，妈妈也要动手挤奶或使用吸奶器吸奶，这样可以充分排空乳房中的乳汁，能更有效地达到刺激乳汁分泌的目的。

6 **夜间喂母乳**：混合喂养的宝宝夜间最好选用母乳喂养。夜间妈妈充分休息后，乳汁分泌量相对增多，宝宝的需要量又相对减少，母乳基本会满足宝宝的需要。

7 **母乳和配方奶不混喂**：不建议把母乳和冲好的配方奶混在一起吃。两者混在一起不仅会改变母乳的成分，而且也会让配方奶中的微量营养素变得过于集中，给宝宝未发育完善的肾脏带来沉重的负担。另外，也容易浪费，因为宝宝用奶瓶喝剩的配方奶必须在一小时内倒掉，里面珍贵的母乳也会因此而被倒掉。

干货！干货！

育婴师说
减配方奶的信号

相信很多妈妈都还是希望能够纯母乳喂养的，其实混合喂养后也有可能回归纯母乳喂养，妈妈要留心观察，如果出现以下信号，就可以尝试着减少配方奶了。

宝宝吐奶次数增多：一天吐几次奶是正常的生理现象，不过如果宝宝一天吐8次，甚至10次以上，就说明妈妈的奶可能增多了，可适当减配方奶了。

宝宝睡得久：宝宝在饿的时候会醒来吃奶，而在饱餐一顿后，睡眠时间会变长，妈妈可适当减奶。

妈妈堵奶：混合喂养后，妈妈总是出现堵奶的情况，这时妈妈就应该尝试让宝宝多吃母乳，逐渐减少配方奶。

人工喂养

虽然母乳是新生宝宝最好的食物，但出于各种原因，妈妈不能选择母乳喂养时，人工喂养就成了必然选择。

人工喂养的宝宝要定期称重

为了了解宝宝的生长情况，人工喂养的宝宝最好定期称体重，体重增加过多，说明喂养过度；体重增加过慢，说明喂养不足。

不宜母乳喂养的情况

虽然母乳喂养对母婴双方都是有益处的，但在妈妈有以下情况时，为了宝宝的身体健康，不能进行母乳喂养：

1. 传染性疾病：肝炎、肺炎等。

2. 代谢疾病：甲状腺功能亢进、甲状腺功能减退、糖尿病等。

3. 肾脏疾患：肾炎、肾病等。

4. 心脏病：风湿性心脏病、先天性心脏病、心脏功能低下等。

5. 其他类疾病：服用哺乳期禁忌药物、急性或严重感染性疾病、乳头疾病、孕期或产后有严重并发症、红斑狼疮、精神疾病、恶性肿瘤、艾滋病等。

人工喂养的宝宝每天吃多少奶合适

人工喂养的宝宝每天吃多少配方奶粉才合适？由于每个宝宝的需要不尽相同，所以爸爸妈妈只有通过仔细观察和不断地尝试，才能了解自己的宝宝真正的需求量。

人工喂养的原则

人工喂养宝宝的原则一般按照每千克体重100~110毫升供给，一天的总量以不超过600毫升为宜。如果过量供给容易使宝宝因消化不良而腹泻。由于每个宝宝具体情况不同，因此妈妈不要纠结于具体数字。目前市场上的部分奶瓶，刻度可能并不准确，新手爸妈在给宝宝喂奶时，应以宝宝的需要为主。

观察宝宝的反应

妈妈可以先从少量配方奶开始添加，然后观察宝宝的反应。如果宝宝吃奶后不入睡或睡不到1小时就醒，张口找乳头甚至哭闹，说明宝宝还没吃饱，可以再适当增加量。以此类推，直到宝宝吃奶后能安静或持续睡眠1小时以上。

干货！
干货！

育婴师说

人工喂养注意事项

母乳并不是亲子关系的全部，喂养方式也只是母爱的一部分。在已经尽力的前提下，当妈妈选择人工喂养时，请不要自责，认真而充满爱意地给宝宝喂配方奶吧。

姿势相同

人工喂养宝宝的姿势应与母乳喂养相同。妈妈要选择舒适的姿势，使背部和腰部有支撑，然后让宝宝舒适地斜躺于妈妈怀里，略微倾斜奶瓶。

避免吸入空气

在将奶嘴放入宝宝嘴中时，务必保证奶嘴中充满奶水，以免宝宝吸入空气，导致宝宝吃奶后吐奶。

育婴师说
换配方奶

若宝宝在食用配方奶后出现了过敏、腹泻等严重症状，应及时停止喂奶，带宝宝到医院就医，在医生指导下采用其他代乳品喂养。

若是因为其他原因，需要换不同阶段的配方奶时，最好遵从循序渐进的原则，采用半匙法。在更换奶粉过程中，新手爸妈最好密切观察宝宝的健康状况，如宝宝表现出不适，应立即停止。

若宝宝只是表现出厌食、厌奶，但很有精神，可能是生理性厌奶，不需要刻意处理，通常这种情况持续1周左右就会消失。

由于不同品牌奶粉中的营养成分有所差别，冲调浓度也不一样，因此一定要仔细阅读奶粉包装上的说明。

不要轻易换配方奶，如果必须更换，一定要循序渐进，否则易引起宝宝的消化问题。

不要轻易更换配方奶，要循序渐进。

育婴师说
配方奶的储存

由于宝宝奶粉消耗速度较快，很多新手爸妈都习惯多储存一些。

配方奶要放到阴凉干燥的地方，食用时最好先开一包或一罐，已开封的奶粉在每次冲调后，一定要盖紧或扎紧袋口，然后存放于干净、干燥、阴凉的地方。

配方奶不适合，如何更换

　　如果爸爸妈妈认为宝宝不适合喝之前品牌的配方奶，可以考虑换一个品牌。但爸爸妈妈必须有这样一个基本的意识：宝宝是不适合频繁更换配方奶的。这是因为宝宝的消化系统发育尚不充分，对于新食物的消化需要一段时间来适应。

　　有的爸爸妈妈以为更换配方奶就是不同品牌的配方奶间互相转换。其实更换相同的品牌，不同阶段的配方奶，也都属于更换配方奶。

　　确实需要更换配方奶时，要遵循循序渐进的原则，不要过于心急，整个过程可历时1~2周，让宝宝有个适应的过程。

　　如果宝宝没有拉肚子、呕吐、便秘、哭闹、过敏等不良反应，才可以逐渐增加奶量；如果不能很快适应，就要缓慢改变。

　　此外，更换配方奶应在宝宝健康情况良好时进行，没有腹泻、发热、感冒等症状。接种疫苗期间最好不要更换配方奶。

　　更换配方奶的方法是"新旧混合"，即用新奶粉替换原奶粉。以宝宝每餐3匙奶粉量为例，可以在准备换奶粉的第1~3天采用两匙半原奶粉＋半匙新奶粉的配比方法；第4~6天，采用两匙原奶粉＋一匙新奶粉的配比；直到第16天，全部采用新奶粉。

人工喂养宝宝要补水

与母乳喂养宝宝略有区别，人工喂养新生宝宝需要额外补充水分。因为配方奶是由牛奶经加工并添加一些宝宝必需的营养素制作而成的，其成分只是接近母乳，其中一些蛋白质的组成和比例、营养物质的种类和含量等与母乳仍有区别。

配方奶在人体内消化吸收的过程中要有一定量的水分参与代谢。

宝宝肝脏的代谢功能和肾脏的浓缩稀释功能尚在不断完善的过程中，渗透压过高、过低都会给宝宝的肾脏增加额外的负担，还可能引起大便干燥，出现便秘、口唇干燥等症状，因此吃配方奶的宝宝一定要喝水，而且要喝好水、多喝水，这一点一定要引起妈妈的重视。

怎么喂宝宝喝水

最好在两次喂奶之间给宝宝喝水，喝水的量以不影响下顿奶量为宜。新生儿两顿奶之间喂20~30毫升温白开水就可以了，观察一下有没有影响到下次宝宝的吃奶量，如果没有影响，说明喂给宝宝的水量是适宜的。

宝宝满月之后，两次奶之间的饮水量可增加到50毫升左右，3个月后可逐渐增加到70毫升左右。

干货！
干货！

育婴师说

喝配方奶的宝宝"火气大"吗

喝配方奶的宝宝"火气大"，许多妈妈都这样说，她们所说的"火气大"无非是指宝宝容易出现大便干燥或者宝宝眼睛分泌物过多。

人工喂养的宝宝大便干硬，且有较重的臭味，这是因为牛奶中所含蛋白质要比母乳高出1倍左右。如果每日补充足够的水分，并帮助宝宝养成规律大便的习惯，一般不会出现便秘的情况。如果宝宝眼睛有分泌物，一般是因为护理不当引起的，并不是喝配方奶的缘故，所以喝配方奶的宝宝"火气大"这一说法是不科学的。

吃配方奶的宝宝要喝好水、多喝水。

奶瓶大攻略

奶瓶材质各有千秋

目前奶瓶主要有两种——PC制和玻璃制的。PC质轻，而且不易碎，适合外出及较大宝宝自己拿。但经过反复消毒后的"耐力"就不如玻璃制的了。玻璃奶瓶更适合在家里由妈妈拿着喂宝宝。

奶瓶形状各异，伴随宝宝"同步成长"

圆形：适合0~3个月的宝宝用。这一时期，宝宝吃奶、喝水主要是靠妈妈喂，圆形奶瓶内壁平滑，里面的液体流动顺畅。母乳喂养的宝宝喝水时最好用小号奶瓶，储存母乳可用大号的。

弧形、环形：4个月以上的宝宝有了强烈的抓握东西的欲望，弧形瓶像一只小哑铃，环形瓶是一个长圆的"O"字形，它们都便于宝宝的小手握住，以满足他们自己吃奶的愿望。

带柄小奶瓶：1岁左右的宝宝可以自己抱着奶瓶吃奶了，但又往往抱不稳，这种类似练习杯的奶瓶就是专为他们准备的，两个把手便于宝宝握住。

奶瓶容量

市面上比较常见的奶瓶容量是125毫升、150毫升、200毫升、250毫升。可以根据宝宝的吃奶量和用途来挑选。容量小的奶瓶适合小月龄的宝宝，容量大的奶瓶适合大宝宝。通常情况下，120~150毫升和250毫升的奶瓶使用率更高些。

奶嘴的选择

奶嘴有乳胶和硅胶两种。相对来说，乳胶奶嘴富有弹性，质感近似妈妈的乳头，而硅胶奶嘴没有异味，容易被宝宝接纳，且不易老化，有抗热、抗腐蚀性。

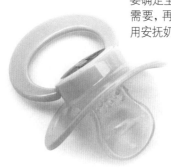

要确定宝宝是真的需要，再给宝宝使用安抚奶嘴。

育婴师说

干货！干货！

安抚奶嘴

安抚奶嘴是妈妈乳头替代品，在宝宝哭闹时、睡觉时给宝宝吸吮，是帮助宝宝平静的一种工具，那么该不该给宝宝使用安抚奶嘴呢？

妈妈给宝宝使用安抚奶嘴时一定要确定宝宝真的需要。如果宝宝吃饱、喝足、不冷不热，经妈妈的拥抱和亲吻等安抚后，仍然日夜哭个不停，那就是对吸吮需求过于强烈，也许真的需要安抚奶嘴。对早产儿或出生体重过低的宝宝来说，安抚奶嘴有助于体重增长，但一旦体重追上正常宝宝，就应停止使用。另外，妈妈一定要确保安抚奶嘴的使用不影响宝宝进食母乳或配方奶。一旦发现有影响，就要立即停止使用。

奶瓶大小应根据宝宝需乳量的增加进行调整。

育婴师划重点：随着宝宝的成长，宝宝吃奶的量也会很快增长，爸爸妈妈可以提前挑选3种不同容量的奶瓶备用。

给奶嘴开孔有讲究

有些奶嘴买回来就有开孔，但宝宝吸吮起来还是很费力，这时就需要再开个孔了。有的奶嘴没有开孔，需要妈妈自己来操作。给奶嘴开孔的正确方法如下：

1. 用牙签的尖端用力顶乳胶乳头的壁，使乳头顶端外凸，然后用剪刀将外凸部分连牙签一并剪去，孔即开成。

2. 用剪刀在奶嘴上剪开一个十字形开口，开口大小可根据宝宝需要，适当多剪或少剪。

3. 取大头针一枚，用钳子将其夹住，将针的前 1/3 放在火上烧红后，立即刺入奶嘴顶端，形成一个小孔。

需要注意的是，不管是扎孔还是剪口，都先要从小孔、小口开始。如果孔开得过大，不要凑合着让宝宝用，以免宝宝吃奶时奶汁流出速度过快，宝宝来不及吞咽，引起呛咳，甚至引起吸入性肺炎。

判断开孔是否合适的方法：将装满水的奶瓶倒置，如果水慢慢地一滴一滴流出来，表示奶嘴孔大小是适中的；如果水呈直线流出来，表明孔太大；而用力甩后才有水流出则表明孔洞太小。

宝宝不认奶嘴怎么办

宝宝虽小，但是他也对奶嘴、奶粉的味道有了自己的喜好，如果人工喂养的宝宝拒绝吃奶嘴，妈妈可以尝试更换奶粉、调整奶嘴大小等让宝宝尝试接受奶嘴。同时，妈妈亦可以尝试不同的姿势给宝宝喂食。有些宝宝吃奶时，喜欢喂他的爸爸或妈妈把脚抬高；有些则喜欢妈妈抱着，使宝宝的脸贴着妈妈的乳房。

育婴师说

奶嘴孔型

SS 新生儿

⊙ 圆孔

理想喂奶时间
50 毫升时约 10 分钟

S 1个月以上

⊙ 圆孔

理想喂奶时间
100 毫升时约 10 分钟

M 2~3个月

Ⓨ Y字孔

理想喂奶时间
150 毫升时约 10 分钟

L 6个月以上

Ⓨ Y字孔 + 字孔

理想喂奶时间
200 毫升时约 10 分钟

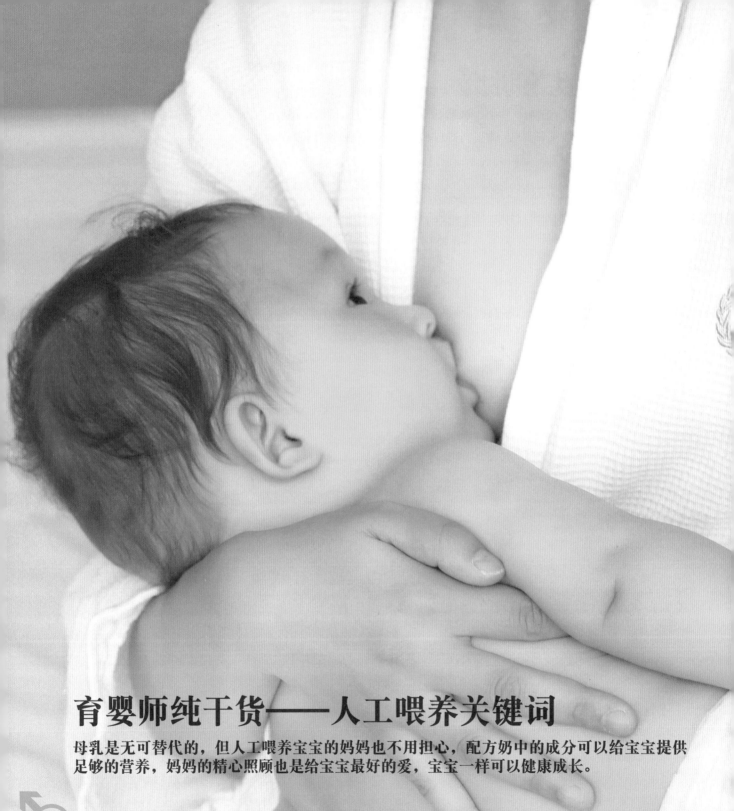

育婴师纯干货——人工喂养关键词

母乳是无可替代的，但人工喂养宝宝的妈妈也不用担心，配方奶中的成分可以给宝宝提供足够的营养，妈妈的精心照顾也是给宝宝最好的爱，宝宝一样可以健康成长。

育婴师干货分享：宝宝少生病吃得香睡得好长大个

1 **冲配方奶前先洗手：**在冲配方奶前，妈妈应注意手部清洁，即便手不脏，也都应洗手，这样可以预防奶粉被污染。

2 **奶具消毒：**由于配方奶粉等代乳品易滋生细菌，容易变质，造成宝宝腹泻及其他健康问题，所以，在冲配方奶前妈妈要做好配方奶具的高温消毒工作。一般家中常用的消毒方法就是开水煮沸，但妈妈应根据材料不同，控制消毒时间。

3 **正确清洁奶瓶：**玻璃奶瓶可以在沸水中煮 10~15 分钟，奶嘴多为乳胶、硅胶材质，不宜长时间煮，放入开水中两三分钟即可。奶瓶在清洗后，需要进行烘干或擦干，将残留的水分去除干净后再收纳起来，不要带水放置，避免残留水分中的细菌污染清洁好的奶具。

4 **全方位清洗奶瓶：**妈妈在喂奶后清洁奶瓶时，应当细心留意清洁奶瓶的每一个部分，不仅要将奶瓶内壁清洗干净，也应注意瓶口处的螺纹部分的清洁。还有些妈妈每天使用好几个奶瓶，觉得一起清洗消毒比较方便。但是宝宝的免疫能力比较弱，为防止细菌在奶瓶上的滋生，用一个就要清洗一个。

5 **奶瓶应妥善保管：**清洗干净后妈妈应用干净卫生的布将奶瓶中的水分擦拭干净，最好能再进行一次高温消毒，然后盖上瓶盖，并放入防尘的储存盒中。奶嘴是直接跟宝宝的口腔接触的部位，因此妈妈应格外注意奶嘴的清洁，可以用专门的奶嘴刷清洁，也可以将奶嘴翻过来仔细检查清洗效果，当然也不要忘记奶嘴内侧褶皱部位的清洁。另外，奶嘴的使用寿命有限，使用一段时间后，就应给宝宝换一个新的奶嘴了。一般乳胶奶嘴的更换周期为 1 个月左右，硅胶材质较长，但 2 个月左右也应该更换了。

6 **转奶不混喂：**从一种配方奶转到另一种配方奶粉时，不要混合在一起喂。因为每种奶粉配方不一样，混合可能导致部分微量元素超标，导致宝宝腹泻或不适，加重肾脏的负担。应该分开调配，分次喂食。

7 **把握转奶时机：**如果配方奶不合适，要循序渐进地为宝宝转换另一种配方奶，不要过于心急，要让宝宝有个适应的过程。转奶要在宝宝身体完全健康的状态下进行，不要在宝宝换牙、感冒或打疫苗等体质较差的时机转奶。

8 **奶粉浓度适当：**奶粉的浓度不能过浓，也不能过稀。过浓会使宝宝消化不良，大便中会带有奶瓣；过稀则会使宝宝营养不良。

9 **配方奶不加糖：**有些妈妈见宝宝总是哭闹，或是不爱吃奶，就想向配方奶中添加糖等调味品，这是不对的，因为宝宝的消化系统还未发育成熟，添加过调味品的配方奶会使宝宝消化不良、加重肾脏负担。

干货！
干货！

育婴师说

清洁奶瓶用清水

奶瓶和奶嘴都是直接接触奶粉的物品，因此在清洁时不要用消毒液和洗碗液，用清水洗涤即可，避免奶瓶中有残留的化学试剂，危害到宝宝的健康。如果妈妈怕洗不干净，可以少量使用宝宝奶瓶专用的清洗剂。

奶嘴、瓶口螺纹处不容易清洗，妈妈在清洗时要将奶嘴完全取下，用毛刷清洗奶嘴内部及螺纹处。如果毛刷够不着奶嘴内部，可用小毛刷伸进去清洗，但不要长时间浸泡在清洗剂中。

宝宝添加辅食的7个小信号

1. 按照平时的作息时间给宝宝喂奶，但宝宝很快就饿了。

2. 宝宝有些厌奶了。

3. 大人吃饭时，宝宝会盯着大人夹菜、吃饭的动作，甚至会伸手抓，放进嘴里。

4. 宝宝可以在大人的扶持下，保持坐姿。

5. 用小匙喂食物的时候，宝宝的舌头不再将食物顶出来。

6. 宝宝的体重比出生时体重增加1倍，或达到6千克以上。

7. 宝宝开始长牙了。

如果宝宝出现了以上那些可爱的"小信号"，就是宝宝想要传达：我的身体准备好添加辅食了！

过早添加辅食，会增加宝宝消化系统的负担。根据宝宝的表现和月龄添加辅食更科学。

辅食添加

辅食对成长中的宝宝来说非常重要，特别是1岁以前的辅食营养给予，更是奠定宝宝身体健康的基础。

辅食添加要循序渐进，同时要仔细观察宝宝的表现。

什么时候可以吃辅食

随着宝宝渐渐长大，除了母乳和婴儿配方奶之外，还应给宝宝添加一些辅食。

人工喂养和混合喂养的宝宝

人工喂养及混合喂养的宝宝，满4个月后，在身体健康的情况下，可以尝试添加辅食了。

4个月之前，宝宝的肠胃发育还不健全，唇舌比较紧闭，会将固体食物反射性地顶出来。

4~6个月时，宝宝不再将食物顶出来，因此这时是开始添加辅食比较好的时间段。

纯母乳喂养的宝宝

世界卫生组织的最新婴儿喂养报告提倡：宝宝前6个月纯母乳喂养，6个月以后在母乳喂养的基础上添加辅食。

这样做的好处是可以降低宝宝感染肺炎、肠胃炎等疾病的风险；同时，纯母乳喂养时间比较久，妈妈月经来得比较迟，对产后身体恢复很有利。

早产宝宝

早产儿添加辅食的时间，应按照矫正月龄来计算。当早产儿的矫正月龄满4~6个月后，可根据宝宝的实际情况判断是否添加辅食。

矫正月龄 = 实际出生月龄 −(40− 出生时孕周)/4

以孕32周出生，实际月龄6个月的早产儿为例：

矫正月龄 =6−(40−32)/4

当看到别的妈妈给宝宝添加辅食的时候，早产宝宝的妈妈不用急也不用羡慕，要知道，适合宝宝的才是最好的。

辅食吃什么

辅食添加是一个循序渐进的过程，妈妈不要着急，给宝宝更多的时间来逐渐适应吧。

宝宝的第一道辅食——婴儿营养米粉

初次给宝宝添加辅食要吃什么呢？专家建议，首次添加辅食最好选择婴儿营养米粉。婴儿营养米粉是专门为婴幼儿设计的均衡营养食品，其营养价值远超蛋黄、蔬菜汁、水果泥等营养相对单一的食物。营养米粉中所含有的营养素是这个年龄段发育所必需的，而且营养米粉的味道接近母乳和配方奶，更容易被宝宝接受。

辅食添加原则

每个宝宝的体质、发育程度都不尽相同，但只要遵循基本的原则，辅食添加的过程就会变得更顺利。辅食添加的基本原则：由少到多、由稀到稠、由细到粗、由单一到混合。

初尝辅食，不多喂

因为宝宝的肠胃还不能完全适应辅食，所以初次添加时，只是让宝宝尝试接受辅食，不要强迫他进食，也不用多喂，一两勺即可。

干货！干货！

育婴师说

多种辅食添加

添加辅食时先给宝宝吃一种与其月龄相宜的食物，尝试1周后，如果宝宝的消化情况良好，再尝试另一种。如果同时添加多种新食物，宝宝表现不适后很难发现原因。

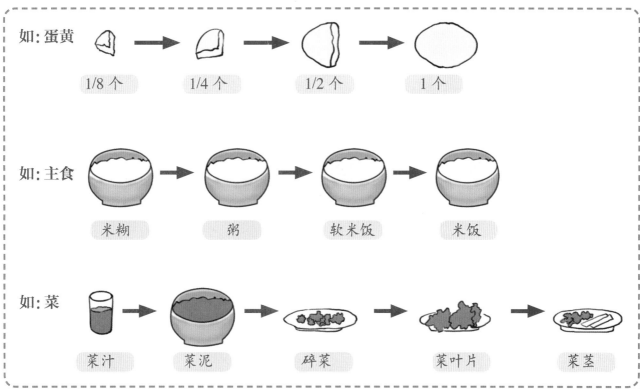

如：蛋黄　　1/8个 → 1/4个 → 1/2个 → 1个

如：主食　　米糊 → 粥 → 软米饭 → 米饭

如：菜　　菜汁 → 菜泥 → 碎菜 → 菜叶片 → 菜茎

辅食吃多少

宝宝每天吃多少辅食？每次吃多少合适？一般来说，在宝宝1岁以前，每天吃2次辅食比较合理。但宝宝每次接受辅食的量并不固定，爸爸妈妈要牢记一点：吃多了不限制，吃少了也不强制。如果宝宝只吃了一点就不肯吃了，就应该停止喂食，以宝宝能接受的量为准。

与宝宝每天吃多少相比，妈妈更应该关心宝宝吃得好不好。比如宝宝是否对辅食感兴趣？若干次尝试后，宝宝是否接受了辅食？宝宝添加辅食后有没有呕吐、腹泻、过敏？添加辅食一段时间后，宝宝生长发育是否正常？只要宝宝能够慢慢接受母乳、配方奶之外的食物，健康成长，添加辅食的目的就达到了。

开始添加辅食时不要强求进食量，宝宝想吃就吃。

辅食添加要循序渐进

辅食添加应循序渐进，不仅指食物种类上的选择，也包括食物加工的性状。经过几个月的训练，宝宝能够接受什么样的辅食，爸爸妈妈应该心里有底了。想要让宝宝的食谱更丰富些，可遵循辅食添加的基本原则，即从营养米粉加起，逐渐加入菜泥、蛋黄、肉泥等。7个月后可添加蛋黄，1岁后可添加鲜牛奶及其制品、带壳的海鲜、花生和其他干果。每新添加一种食物都要观察3天，看宝宝是否会过敏。急性过敏会在24小时内发生，慢性过敏会在3天内发生。

磨牙没长出前，不能吃小块状的食物

即使宝宝学会了咀嚼动作，在没有长出磨牙之前，也不能给他吃小块状的食物。没有磨牙参与的咀嚼动作，不能使食物得到有效的研磨。一些宝宝可能不接受小块状食物，会吐出来，但是也有些宝宝吞咽能力强，很可能会将未充分研磨的食物吞入肚子，这样就会造成食物消化和吸收不完全，既会增加食物残渣量，同时也减少了营养素的吸收，长期下去还可能造成生长缓慢。

添加辅食要遵循由稀到稠、由简单到复杂的原则。

过敏宝宝辅食添加顺序

在遵循由少到多、由稀到稠、由细到粗、由简单到复杂原则的基础上，过敏宝宝辅食添加的顺序是由低敏到高敏，依次是米、蔬菜、水果、蛋黄，宝宝满7个月后可尝试少量肉类和豆类。其中，白肉（鱼肉、鸡肉、鸭肉）要先于红肉（猪肉、牛肉、羊肉）。

制作容易过敏的食物时，要保证食材的新鲜，并确保熟透。

判断宝宝是否适应辅食

辅食对成长中的宝宝来说非常重要，特别是 1 岁以前的辅食添加。在婴儿阶段，母乳是宝宝最理想的食物，但是随着宝宝一天天地长大，只吃母乳或者婴儿配方奶已经无法满足宝宝的营养需求。所以这段时间，除了母乳或婴儿配方奶之外，还应给予宝宝一些由固体食物制作的水、泥等，这就是我们所说的辅食。那么，给宝宝添加辅食之后，宝宝是否适应呢？妈妈按以下几种方法观察宝宝，就会对宝宝是否适应辅食做出正确的判断。

看看宝宝大便的情况

如果便次和性状都没有特殊的变化，就是适应的。如果宝宝的大便出现如下变化，妈妈就需要根据具体情况调整一下辅食添加进度和内容了。

大便臭味很重：说明宝宝对蛋白质的消化不好，应暂时减少辅食中蛋白质的摄入。

大便发散、不成形：要考虑是否辅食量多了或者辅食不够软烂，影响了消化吸收。

粪便呈深绿色黏液状：多发生在人工喂养的宝宝身上，表示供奶不足，宝宝处于半饥饿状态，需加米糊、米粥等。

大便中出现黏液、脓血，大便的次数增多，大便稀薄如水：说明宝宝可能吃了不卫生或者变质的食物，或是患了肠炎、痢疾等肠道疾病，需立即就医。

观察宝宝的进食量

如果宝宝吃不完，下次就要减少奶量和辅食量。如果宝宝每次都能将为他准备的奶或辅食顺利吃完，就可以逐渐给宝宝增加奶量或辅食量。辅食的进食量只是判断宝宝是否适应的依据之一。

观察宝宝的精神状况

宝宝有没有呕吐以及对食物是否依然有兴趣。如果这些情况都是好的，说明宝宝对辅食是适应的。如果宝宝对辅食的性状、口味不适应，妈妈要耐心地鼓励宝宝去尝试。有的宝宝其实不是对辅食的口味不适应，而是对进食的方式不适应，因为要由原来的吸吮改为由舌尖向下吞咽，学习咀嚼。如果宝宝添加辅食的时间过晚，那么原有的吸吮习惯会更大地影响宝宝接受新的进食方式。

干货！干货！

育婴师说

咀嚼能力要提前训练

宝宝天生就会吃奶，但是咀嚼并不是天生就会的，需要后天的训练。咀嚼需要一定的前提条件——长出磨牙和学会有效的咀嚼动作。在宝宝还没有萌出磨牙的时候，爸爸妈妈应该有意识地训练宝宝的咀嚼动作。当宝宝进食泥状食物时，喂食者可以同时嚼口香糖或其他食物，并进行夸张的咀嚼动作。通过这样的行为诱导，宝宝会逐渐意识到吃食物时应该先咀嚼，并会模仿大人的动作。

制作辅食的小窍门

在制作辅食的过程中，掌握一些小技巧，能轻松做到让宝宝不挑食、辅食好消化。

注意选择多样的辅食制作方法

1. 煮少量的汤时，可以将小汤锅倾斜着烧煮。

2. 适当使用微波炉制作辅食。

3. 想要煮出质软且颜色翠绿的蔬菜，水一定要充分沸腾。

4. 要逆着蔬菜和肉的纤维方向垂直下刀，切断纤维，更便于宝宝咀嚼。

5. 在煮软米饭的时候滴几滴米醋，等软米饭做好了，香味很浓郁，而醋味会自然消失，还不容易变质。

6. 在制作辅食时，可以用鸡肉汤、蔬菜汤等给宝宝煮粥、煮面条，营养又美味。

7. 利用辅食模具做成宝宝喜欢的造型，模样可爱、别致的食物更能引起宝宝的兴趣。

必学的制作手法

1. 挤压：蔬菜汁、水果汁可以用干净纱布挤汁，或放在小碗里用小勺压出汁，也可用榨汁机榨汁。

2. 捣碎：青菜叶和水果煮后，都要先捣碎，再放入过滤网中进行过滤，制作成青菜汁或者是水果汁。

3. 研磨：将煮熟的豆类、南瓜、薯类及无刺的鱼肉等放在研磨器中研磨。

4. 擦碎：擦菜板可以很好地把食物原料处理碎，像胡萝卜、土豆、苹果等，就可以直接用擦菜板擦成细丝，再做成糊状的食物。

5. 切断：不同材料切碎的方法不尽相同，从碎末、薄片到小丁，要根据宝宝实际发育情况来处理。

干货！干货！

育婴师说

辅食制作的注意事项

要单独制作

宝宝的辅食要讲究卫生，餐具和食物都要和家人的分开存放和使用。

辅食要现做

宝宝胃肠道抵抗感染的能力极为薄弱，需要格外强调婴幼儿的饮食卫生，喂给宝宝的食物最好现做，不要喂剩存的食物。

少放或不放调味品

宝宝的味觉正处于发育过程中，对外来调味品的刺激比较敏感，加调味品容易造成宝宝挑食或厌食。

多给宝宝做些花样辅食，宝宝更有食欲。

育婴师划重点：如果宝宝偏食挑食，可以把不同的食物混合在一起，有宝宝喜欢的食物调节口味，宝宝更容易接受。同时改进烹饪方式，鼓励宝宝进食。

传统辅食工具有哪些

研磨器：能将食物磨成泥，是添加辅食前期的必备工具。使用前需将研磨器用开水浸泡消毒。

辅食剪：主要分为两种，一种是常用的辅食剪，造型小巧、可爱，携带方便；另一种是在药店出售的医用不锈钢纱布剪或手术剪，不锈钢剪可以整个放在沸水中消毒。

菜板：虽然菜板是家里常用到的工具，但是最好给宝宝买一套专用的，要经常清洗、消毒。

刀具：要将切生食物、熟食物的两种刀具分开放置，避免污染。

蒸锅：用来蒸熟食物或蒸软食物，这样蒸出来的食物口味鲜嫩、熟烂，容易消化，含油脂少，能在很大程度上保留食物的营养。

刨丝器、擦菜板：刨丝器、擦菜板是做丝、泥类食物必备的用具，由于食物细碎的残渣很容易藏在细缝里，每次使用后都要清洗干净、晾干。

辅食勺：宝宝用的勺子要软一些，导热慢一些。常用的辅食勺多为食品级 PP 材质。

传统家当、辅食机、料理机选哪个

传统家当的好处是不用另外购置工具，菜板、刀具、锅碗瓢盆都能用，省钱，不过会比较费时费力。

辅食机集蒸煮、搅拌为一体，操作方便，且成品细腻，适合刚添加辅食的宝宝。不过妈妈需要破费一笔。

料理机最基本的功能就是搅拌和磨碎功能，但是没有蒸煮的功能，所以比起辅食机，它的功能稍微弱一些。

给辅食工具消毒

宝宝抵抗力较弱，所以要特别重视辅食工具的清洁和消毒。

煮沸消毒法：把工具洗净后放到沸水中煮 2~5 分钟。汤锅、蒸锅、榨汁器具等辅食工具不能煮，要用沸水烫一下再用。

蒸汽消毒法：工具洗干净之后放到蒸锅中蒸 5~10 分钟。这种方法适合玻璃材质的工具。

日晒消毒法：木质的研磨棒、菜板等不宜长时间煮、蒸，可用开水烫一下，用厨房纸吸干水分后在阳光下暴晒一下。

市售辅食营养全面且易于吸收，但需要妈妈认真挑选。

育婴师说

辅食购买心得

选购市售辅食时，妈妈要注意掌握以下要点。

挑选大品牌的产品

相比较而言，大品牌的生产商具有相应的规模，产品质量和服务质量都经过了较长时间的市场验证，比其他小品牌更值得信赖。

看食品添加剂

食品添加剂并非都是不安全的，妈妈要做到心里有数。但以下这些成分，最好不要出现在宝宝的辅食中：人工甜味剂（如糖精钠、三氯蔗糖、安赛蜜、阿斯巴甜、山梨糖醇、麦芽糖醇等）；防腐剂（如苯甲酸钠、山梨酸钾等）。

看色泽，闻气味

质量好的米粉应是大米的白色，颗粒精细、均匀一致、容易消化吸收。有米粉的香味，无其他气味。

无论是市售辅食还是妈妈自制的辅食，都要关注宝宝吃后的适应情况。

市售辅食该不该吃

市售辅食的优点是方便，而且口味繁多，营养全面且易于吸收，能在一段时期内充分满足宝宝的营养需求。

面对琳琅满目的辅食，要如何选择呢？

首选天然成分的：制作的材料取自于新鲜蔬菜、水果及肉蛋类，不添加人工色素、防腐剂、乳化剂、调味剂及香味素，这样即使有甜味也是天然的。

适龄性：宝宝的消化功能是在出生后才逐渐发育完善的，即在不同的阶段胃肠只能适应不同的食物。所以选购时，妈妈一定要考虑宝宝的月龄和消化情况。

仔细看外包装：按国家标准规定，外包装上必须标明厂名、厂址、生产日期、保质期、执行标准、商标、净含量、配料表、营养成分表及食用方法等项目，缺少上述任何一项都不规范。

注意食品标签：看营养成分表中标明的营养成分是否明确，含量是否合理，有没有强化宝宝需要的营养素，有无对宝宝健康不利的成分。如营养米粉，可以看看是否强化了铁质，因为在宝宝添加米粉作为辅食的阶段，比较容易出现贫血现象，如果强化了铁质，就有助于预防贫血。

添加辅食后宝宝出现变化别着急

添加辅食后，很多细心的爸爸妈妈会发现宝宝出现了一些变化，这些变化有的是因宝宝不能适应辅食引起的，有的则是正常变化。爸爸妈妈先别着急停喂辅食，找到原因后再决定解决办法。

宝宝皮肤发黄

宝宝八九个月的时候，有些妈妈会发现宝宝的手掌、脚掌和面部皮肤发黄，担心宝宝得了黄疸。其实，如果宝宝的巩膜（白眼球）没有发黄，饮食、睡眠、大小便都正常，肝功能检查也正常，就想想宝宝近期是否吃了太多胡萝卜、南瓜等含有类胡萝卜素的辅食。

胡萝卜、南瓜、柑橘等食物中含有丰富的类胡萝卜素，在体内的代谢率较低，容易造成皮肤发黄，医学上称之为"高胡萝卜素血症"。如果宝宝出现这种症状，妈妈只要让宝宝暂时停止食用这些食物，肤色很快就能恢复。

宝宝拉绿便

宝宝的辅食中含有绿叶蔬菜，且不能被宝宝完全吸收，便便就会变成绿色。可以适当减少辅食量，让宝宝充分吸收。

当宝宝腹部受风着凉，引起腹泻时，或是宝宝吃了过凉的食物后，肠胃蠕动加快，宝宝也会排出绿色便便。新手爸妈要分清原因，以便调节饮食。

干货！
干货！

育婴师说

宝宝的辅食量可能不一样

每个人每天的饭量都是不一样的，即使是大人也有最大和最小限度的饮食量。因为这个时期的宝宝在吃辅食的同时还喝母乳或配方奶，所以也会影响到辅食的摄入量。妈妈应根据宝宝当天的食欲、消化程度、身体活动程度不同来分别对待，只要宝宝每次的摄入量不低于30克，就不用担心。

如果宝宝大便发散要考虑是否辅食量加多了或辅食不够软烂。

育婴师说

不盲目添加蛋黄

妈妈们习惯将蛋黄作为宝宝的第一道辅食，其实这并不适合。鸡蛋黄的营养确实对婴幼儿成长发育有重要作用，但过早添加蛋黄容易导致宝宝消化不良。建议在宝宝满7个月后开始添加蛋黄，从1/8个蛋黄开始添加，然后逐渐过渡到1/4个、1/2个、1个蛋黄。最好用蛋黄搭配富含碳水化合物的米粉、粥、面条等食物给宝宝食用，这样更有利于蛋白质的吸收。

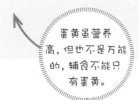

蛋黄虽营养高，但也不是万能的，辅食不能只有蛋黄。

1岁内的宝宝添加辅食要谨慎，蛋清、蜂蜜、豆腐都不宜食用。

1岁内宝宝辅食禁忌

给宝宝添加辅食，也是在帮助宝宝适应成人的食物，以便未来能够正常进食。但不是任何食物都可以直接给宝宝添加的，爸爸妈妈要注意以下几个方面。

蛋清、蜂蜜，1岁内的宝宝最好别碰

鸡蛋特别是蛋黄，含有丰富的营养成分，非常适合宝宝食用。但是蛋清却非常容易引起宝宝消化不良、腹泻、皮疹甚至过敏。有些8个月以内的宝宝还可能会对卵清蛋白过敏，因此应避免食用蛋清。建议宝宝接近1岁时再开始吃全蛋。

蜂蜜在制作过程中容易受到肉毒杆菌的污染，而且肉毒杆菌在100℃的高温下仍然可以存活。宝宝的抵抗力弱，食用蜂蜜非常容易引起肉毒杆菌性食物中毒。

所以，1岁内的宝宝最好别吃蛋清、蜂蜜。

值得提醒的是，虽然鸡蛋的营养价值高，但也不是吃得越多越好。肾功能不全的宝宝不宜多吃鸡蛋，否则尿素氮积聚，会加重病情。皮肤生疮化脓及吃鸡蛋过敏的宝宝，也不宜吃鸡蛋。

1岁内宝宝不宜食用豆腐、果冻

豆腐、果冻虽然看起来是很软的食物，但是韧性较大。1岁内的宝宝不好吞咽，易将这些食物黏附于喉咙上，引起窒息。因吸食果冻造成宝宝窒息的事故也时有发生，所以最好不要让宝宝吃果冻。

从营养方面来说，果冻的营养没有新鲜水果丰富，且含有多种食物添加剂，对宝宝健康而言弊大于利。

宝宝1岁前不宜喝鲜牛奶和酸奶

宝宝1岁之前不宜喝鲜牛奶。因为宝宝的胃肠道、肾脏等器官发育尚不成熟，鲜牛奶中大量的蛋白质、脂肪很难被消化吸收，其中的

α型乳糖容易诱发宝宝胃肠道疾病。若因特殊情况需要喝鲜牛奶，要煮沸后把上面的奶皮去掉。

宝宝1岁前也不要喝酸奶。酸奶里面的乳酸杆菌是偏酸性的，会刺激宝宝未发育成熟的胃黏膜，容易导致消化道疾病。

1岁内的宝宝辅食不应主动加盐和糖

有些家长在给宝宝做辅食时，习惯加点盐，以为这样宝宝会更爱吃，同时也会补充钠和氯。其实，1岁内的宝宝的辅食不应主动加盐、糖等调味料。

1岁以内的宝宝宜进食母乳、配方奶和泥糊状且味道清淡的食物，最好是原汁原味的。

干货！干货！

育婴师说

给宝宝吃鱼松、肉松好吗

鱼松食用方便，而且不用担心鱼刺问题。然而，有研究表明，鱼松中氟化物含量比较高。氟化物在体内蓄积，容易导致宝宝食物性氟化物中毒。所以，鱼松可以吃，但是不能当作营养品长期食用，更不能成为宝宝摄取鱼肉的唯一来源。同样，肉松也是很方便的食物，但也不能常吃。有些低档肉松中含有防腐剂、染色剂和味精，对宝宝的身体健康存在安全隐患。

鱼松和肉松都不能常给宝宝吃。

蔬果添加

1. 每餐都要有蔬菜和水果。比如早餐时可以在米糊中加入水果泥；午餐时增加一份水果或蔬菜沙拉；下午用水果或蔬菜当加餐；晚餐适当增加一两份蔬菜。

2. 蔬菜、水果的种类应多样化，防止宝宝因吃腻某一种蔬菜或水果而开始反感吃蔬菜和水果。

3. 增加食物的趣味性，比如在三明治上用草莓泥画一个笑脸；用蔬菜和水果摆出可爱的造型等。

4. 变着花样让宝宝吃。宝宝不爱吃蔬菜、水果，一放嘴里就吐出来。可以把蔬菜剁碎了，给他包饺子、包子，或者打成菜汁和面，给他做面条、摊小薄饼等。也可以将水果切好后摆出各种造型，让宝宝感兴趣，慢慢爱上吃蔬菜和水果。

专家建议：一顿饭，最好只加一种宝宝可能会排斥的蔬菜，以免宝宝拒绝吃辅食。

宝宝挑食有妙招

宝宝虽小，但对食物已经有了自己的喜好。在给宝宝添加辅食后，不少爸爸妈妈发现宝宝出现了挑食行为，不爱吃奶、不爱吃菜泥、不爱吃肉等问题，怎么解决呢？

宝宝厌奶

宝宝天生喜欢甜味和咸味，一旦他喜欢上了某种味道，就会对偏淡的配方奶和母乳失去兴趣。针对这种情况，妈妈可以在宝宝饥饿时先喂奶再喂辅食，这样有助于安抚宝宝的情绪。但奶量最好控制在50毫升以内，以免宝宝喝奶后就吃不下辅食，其他的奶可以吃完辅食后过一会儿再喂。妈妈还可以适当减少辅食的量，让宝宝能更好地吃奶。

不喜欢米粉了

长期吃原味米粉，宝宝可能会腻，加上一些蔬菜泥或者肉泥，使其味道更加丰富，宝宝就喜欢吃了。这种情况很正常，就和我们成人一样，再美味的食物天天吃也会觉得腻。所以给宝宝做辅食要注意变换口味，当然每次添加新食物，要观察宝宝的情况，并持续1周。

不爱吃肝泥

肝泥的味道不太好，宝宝起初可能不太容易接受。不过我们可以想办法把肝泥做得好吃一些。首先要挑选新鲜的肝脏，一次不要买太多。因为宝宝每周吃一次肝泥就可以了，而肝脏又容易变质，不易保存。在制作时，可以将少量花椒粒放在水中，然后放入肝脏，浸泡30分钟，可以有效除去肝脏的异味。用刀背敲一下肝脏，让筋膜自然分离，取出筋膜，腥气就会减轻。另外，做肝泥时可以搭配宝宝喜欢吃的食物进行烹饪，这样他就更容易接受肝泥了。

干货！干货！

育婴师说
纠正宝宝挑食

当添加一种宝宝之前不愿意尝试的食物时，只需要为宝宝准备几小块就够了，同时别忘了还要提供宝宝爱吃的其他食物。吃饭时，不要对宝宝挑剔的行为小题大做，更不要动辄就谈论它、强化它，越是企图纠正它，宝宝反而越有可能继续挑下去，甚至坚决不碰这类食物。家人只需适当引导，不要强迫宝宝接受新食物。爸爸妈妈可以在宝宝面前多吃这种食物，宝宝会更想尝试。

不吃蛋黄

有的宝宝吃辅食有一段时间了，喂给他蛋黄泥，他就皱着眉头，不肯张嘴。好不容易喂进去一点，又吐出来了。这是为什么？怎么喂，他才肯吃？

其实，宝宝很可能还没习惯蛋黄的味道。宝宝在辅食添加初期，已经习惯了菜泥、果泥的味道，并有自己喜欢的食物了。妈妈可以试着加些果泥、菜泥，调和一下蛋黄泥的味道。这样，宝宝对蛋黄泥就不会那么抵触了。

育婴师纯干货——辅食添加关键词

正确地给宝宝添加辅食，能让宝宝更健康地成长。越来越多的妈妈开始关心宝宝辅食吃什么、怎么吃、哪些食物不能吃。爱宝宝，就应该让宝宝吃对、吃好。

1 辅食不要替代乳类：有的爸爸妈妈为了让宝宝吃上丰富的食物，在宝宝6个月前便减少母乳或其他乳类的摄入，这种做法很不可取。因为宝宝在这个月龄，主要食物还是应该以母乳或配方奶粉为主，其他食品只能作为一种补充。这样才能够保证宝宝每天摄入充足的营养，也不会给宝宝的消化系统带来负担。

2 不要久吃流质辅食：宝宝到了7个月以后，口腔的分泌功能日益完善，神经系统和肌肉控制能力也逐渐增强，吞咽活动已经很自如了。这时，可给宝宝吃些稍有硬度的食物。咀嚼可以刺激唾液分泌，促进牙齿生长，同时促进宝宝神经系统进一步发育。而且，用碗和小勺子吃饭，让宝宝觉得很新奇，对提高宝宝食欲大有益处。

3 别给宝宝尝成人食物：宝宝的口味很清淡，所以他能够很容易接受辅食。一旦给他尝了成人的食物，哪怕只是一小口，都会刺激宝宝的味觉。如果他喜欢上成人食物的味道，那么就很难再接受辅食的味道，容易出现喂养困难。

4 不随意添加营养品：市场上为宝宝提供的各种营养品很多，补锌、补钙、补氨基酸等，令人眼花缭乱，使爸爸妈妈无所适从。究竟要不要给宝宝吃营养品和补剂是因人而异的。如果宝宝身体发育情况正常，就完全没必要补充。营养品和补剂的营养成分并非对人体的生长发育都有功效，其中的一些成分在食物里就有。

5 给宝宝喂食时不要用语言引导：很多家长在给宝宝喂食时都喜欢用语言鼓励宝宝进食，其实这种做法并不能起到激励作用，反而会让宝宝分心。特别是一边吃饭一边用玩具哄时，更容易让宝宝形成"吃 + 玩 + 说话 = 吃饭"的概念。如果在喂饭的时候，家长能一起咀嚼食物，这样会引起宝宝进食的兴趣，使他能够安静地专心进食。

6 鼓励宝宝自己动手：宝宝会坐后，总想自己动手吃饭，因此可以手把手地训练宝宝自己吃饭。父母要与宝宝共持勺，先让宝宝拿着勺，然后父母帮助把饭放在勺子上，让宝宝自己把饭送入口中，但更多的是由父母帮助把饭喂入宝宝口中。

7 用碗和勺子喂辅食：给宝宝吃辅食不只是为了增加营养，同时也是为了促进宝宝的发育。建议爸爸妈妈使用碗和勺子给宝宝喂辅食。因为用勺子喂养是经过卷舌、咀嚼然后吞咽的过程，这可以训练宝宝的面部肌肉，为今后说话打好基础。用碗和勺子喂养，不仅方便进食，而且有利于宝宝的行为发育。

8 加热水果可降低致敏风险：将水果蒸熟可以降低致敏的风险，原来过敏的水果可能因此纳入到可食用菜单中。对于易过敏的宝宝和肠胃敏感的宝宝来说，加热水果是增加食物摄取种类的无奈之举，是过渡阶段的方法。如果宝宝的肠胃能够接受常温的水果，可直接喂宝宝现榨的果汁（记得要用水稀释）或果泥。

干货！
干货！

育婴师说

湿疹的宝宝能继续喂辅食吗

小儿湿疹，俗称"奶癣"，是一种过敏性皮肤病。宝宝湿疹发作大多与饮食有关，建议宝宝的食物中要有丰富的维生素、矿物质和水，而碳水化合物和脂肪要适量。如果宝宝有湿疹症状，妈妈要暂停给宝宝吃可能引发过敏症状的食物。如果情况严重可完全停喂辅食。

还有一种情况是，妈妈吃哈密瓜、菠萝等热性水果可能会通过母乳引发宝宝过敏，所以妈妈也要注意尽量不吃易致敏的食物。

宝宝护理

初为人父人母，当遇到宝宝哭闹时，会紧张，不知道宝宝哪里不舒服了。请护理人士或有经验的长辈一看，原来是宝宝衣服穿多了热的，或者是眼睛有了眼屎等。像这些小问题，完全可以学会自己护理，不用每次都紧张着急。

日常护理

对宝宝的日常护理，爸爸妈妈要下一番功夫。因为宝宝不能通过语言来表达自己的感受，只能用哭声来表达不适。所以，爸爸妈妈应在宝宝的护理问题上细心、耐心、用心。

育婴师说

囟门

刚出生的宝宝头上有两个软软的部位，会随着呼吸一起一伏，这就是囟门。后部的囟门在6~8周完全闭合，而前囟门也会在1岁左右闭合。前囟门的斜径平均是2.5厘米，有个体差异。如果刚出生时，宝宝的囟门大于3厘米，或者小于1厘米，则要引起重视，因为前囟门过大常见于佝偻病、脑积水、呆小症等，过小则常见于小头畸形。

宝宝的囟门是需要定期清洗的，否则容易堆积污垢，可能引起宝宝头皮感染，继而导致病原菌穿透没有骨结构的囟门而发生脑膜炎、脑炎。

清洗囟门时不宜使劲擦拭，轻轻带过即可。

新生儿护理从"头"开始

宝宝头比较大，头发多少不一定。头部奇怪的形状通常是由于分娩过程中的压迫造成的，两周后头部的形状就会变得正常了。

宝宝的头

宝宝的头看起来很大，几乎与身体不相称，但随着年龄的增长，头与身体的比例会越来越接近成人。

有的宝宝生下来就拥有乌黑浓密的头发，而有的宝宝可能在1周岁之前头发都很稀少，甚至没有头发。这是因为个人体质不同，宝宝的头发稀少也属于正常现象，只要以后注意保护和清洁宝宝的头皮和头发就行。另外，多晒晒太阳，适当地补钙都有利于宝宝头发的生长。但是千万不要把宝宝秃头当作疾病来治疗。

头垢

出生几个月的宝宝，头部经常有一层厚厚的头垢，就像凝脂一样，清洗很困难。

宝宝皮脂腺分泌旺盛，脑部皮脂腺的分泌物、脱落的上皮细胞、空气中的尘埃就会结合而成头垢。特别是前囟门这种不敢用力清洗的部位，更容易积聚污垢。

新手爸妈可以将婴儿油涂抹在有头垢的部位，待痂皮软化，再用温和的婴儿洗发露彻底清洁。由于宝宝的泪腺功能尚未成熟，故无泪配方的洗发露才是最佳选择。有的宝宝头顶有一层很厚的黑痂，可以在长痂的部位擦点香油或豆油润一润，更容易把痂皮洗去，洗完后要立即把头发擦干，以免着凉。

育婴师干货分享：宝宝少生病吃得香睡得好长大个

头发的护理

宝宝会有一头浓密的胎发，需要好好养护。保护好宝宝的头发，需从洗发、梳发、剃发三方面着手。

洗发

新生儿头皮上有一种淡黄的薄膜，这叫"乳痂"，是皮肤油脂分泌过多的结果。为了去掉这种"痂"，可涂上一层薄薄的凡士林，使之变软，再用梳子轻轻梳去。有的乳痂可能太厚，一次清洗不完，可以坚持每天涂一两次，软了以后再轻轻地梳，最后用温水洗干净。另外，也可以用少量婴儿洗发液给宝宝洗头，不要用力揉搓宝宝的头发，只要使洗发液形成泡沫，然后将其冲掉，再用干毛巾擦净即可。

梳发

给新生儿梳头时，最好用橡胶梳，既有弹性又柔软，不要用硬齿梳，否则会损伤头皮。将新生儿的头发顺其自然地梳到一个方向，不要用夹子或皮筋定形。

干货！干货！

育婴师说

满月头

过去的习俗是新生儿满月之后要剪头发、剃胎毛，认为剃"满月头"会使宝宝的头发变得更黑更浓密。其实这种做法并不能让宝宝的头发更健康地生长，只会增加宝宝感染细菌的概率。

从医学角度来讲，剃胎毛对刚出生的宝宝来说并不合适。另外，理发工具消毒不到位，加之宝宝皮肤薄、嫩、抵抗力弱，操作不慎极易损伤头皮，引起感染。一旦细菌侵入头发根部破坏了毛囊，不但头发长得不好，反而会弄巧成拙，导致脱发。

因此"满月头"还是不剃为好。如果宝宝出生时头发浓密，且正好是炎热的夏季，为防止湿疹，建议将宝宝的头发剪短，但不建议剃光头。

剃发

新生儿头发太多、太密时，要适当为他理发，以免出汗太多，造成枕秃。给宝宝理发时，要避免在理发过程中因为宝宝乱动或突然转身时碰伤头皮。不要用剃刀或推子剃去后脑勺和耳边周围的胎毛，因为这会刺激胎毛的生长。

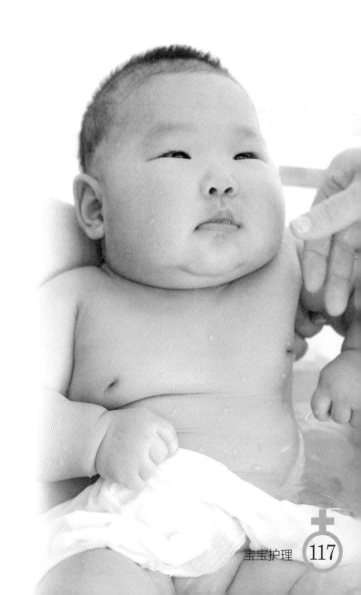

预防脐带感染

　　宝宝出生后医生会在脐带距离腹部 1~2 厘米处给予结扎、切断，留下一个脐残端，脐残端一般在一两周内干瘪、脱落。为了避免脐带感染，每天需帮宝宝做 2~3 次脐带护理。

每天清洁小肚脐

　　清洁双手后用棉签蘸 75% 的酒精，一只手轻轻提起脐带的结扎线，另一只手用酒精棉签在脐窝和脐带根部仔细擦拭，使脐带不再与脐窝粘连。随后，再用新的酒精棉签从脐窝中心向外转圈擦拭。清洁后别忘记把触摸过的结扎线也用酒精消消毒。

保持肚脐干爽

　　一定要保证脐带和脐窝的干燥。绝对不能用面霜、乳液及油类涂抹脐带根部，以免脐带不易干燥而导致感染。如果脐部被尿湿，必须立即消毒。

不要让纸尿裤或衣服摩擦脐带根部

　　纸尿裤大小要适合，千万不要使纸尿裤的腰际刚好在脐带根部。

为宝宝使用脐带贴

　　为了让宝宝的脐带尽快长好，妈妈还可选择使用脐带贴。脐带贴具有超薄、透气、防水、防菌、低致敏、加快伤口愈合等优点，还可吸收脐带分泌物。

脐带分泌物的处理

　　愈合中的脐带残端会渗出清亮或淡黄色黏稠液体，属正常现象，用 75% 的酒精轻轻擦干净即可。每天擦拭 1~2 次，两三天后脐窝就会干燥。

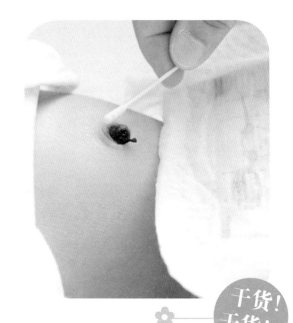

干货！干货！

育婴师说

脐带易出现的问题

　　随着宝宝的出生，脐带也完成了自己的使命。不过脐带残端会留在宝宝身上，待长好后自然脱落。此时如果护理不当的话，会出现以下问题。

出血：如果只是单纯有点渗血的话，问题并不严重，平时做好清洁消毒即可。如有异味，应及时就医。

流水：脐带脱落后，用酒精清洁脐窝中的分泌物，一周内便会干燥。若仍流水不止，应及时就医。

发炎：脐部发炎会有黏性或脓性分泌物，有臭味，如不治疗可引起腹壁蜂窝组织炎，造成败血症。

脐周发红：如果肚脐和四面皮肤变得很红，用手摸起来感觉皮肤发热，有可能是肚脐出现了感染，要及时带宝宝看医生。

宝宝脐部有异味、出血，应及时就医。

育婴师划重点： 宝宝的脐部在愈合之前，应避免碰水，以防感染。如果出现异常，爸爸妈妈应及时带宝宝去医院。

眼耳口鼻的护理

宝宝出生后，眼睛、耳朵、鼻腔等处会出现分泌物，爸爸妈妈需要给宝宝及时清理，而且在喂奶后，宝宝的口腔也需要清洁，以免宝宝患上口腔炎症。

眼睛的护理

小宝宝的眼睛很脆弱也很稚嫩，在对待宝宝眼睛的问题上一定要谨慎。宝宝眼部分泌物较多，每天早晨要用专用毛巾或消毒棉签蘸温开水从内眼角向外轻轻擦拭，去除分泌物。具体方法：用棉签从内眼角向眼尾擦拭，擦另一只眼睛时，需换一支新棉签。

耳朵的护理

妈妈千万要记住，不要尝试给小宝宝掏耳垢，因为这样容易伤到宝宝的耳膜，而且耳垢可以保护宝宝耳道免受细菌的侵害。另外，洗澡时千万不要让水进到宝宝的耳朵里。

口腔的护理

新生儿的口腔黏膜又薄又嫩，不要试图用力擦拭它。要保护新生儿口腔的清洁，可以在给他喂奶之后再喂些白开水。也可以用纱布蘸温水，拧干后套在手指上，伸入新生儿口腔将新生儿嘴里的奶渣清理干净。

鼻腔的护理

宝宝跟大人一样，如果鼻痂或鼻涕堵塞了鼻孔，会很难受。这时妈妈可用细棉签或小毛巾角蘸水后湿润鼻腔内干痂，再轻轻按压鼻根部。

一般情况下，大部分的鼻涕会自行消失。不过，如果鼻孔被过多的鼻涕堵塞，宝宝呼吸会变得困难，这时可以用球形的吸鼻器把鼻涕清理干净。

要做好宝宝的眼耳口鼻的护理工作，及时清理妨碍宝宝健康的分泌物。

育婴师说

清洁眼睛

很多妈妈不敢给宝宝清洁眼睛，怕伤害到宝宝的眼球，其实清洁眼睛很安全。

1.浸湿棉签：洗手后将消毒棉签在温开水或淡盐水中浸湿，并挤去多余水分。

2.从内眼角向眼尾擦：用棉签从内眼角向眼尾擦拭，如果睫毛上有分泌物，可先用棉签湿敷一下。

3.换棉签擦另一只眼睛：擦另一只眼睛时，需换一支新棉签，从内眼角向眼尾轻轻擦拭，一定要避免来回擦拭。

皮肤干燥

宝宝皮肤的真皮纤维组织较薄，对干燥环境的抵抗力较差，易出现皮肤干燥、脱皮问题。

适度清洁

对皮肤干燥的宝宝或者在容易引起皮肤干燥的季节，要适度给宝宝做脸部清洁，每天洗一两次脸就够了。而且，水温不宜过高，以免清洗掉宝宝皮肤的油脂，还要控制给宝宝洗澡的时间，可缩短到 10 分钟左右。

用对清洁产品

在给宝宝选择面部或身体的清洁用品时，首先要选择功能比较简单的产品，除了清洁之外功能越少越好，尤其是不要用有杀菌功能的产品，以免刺激到宝宝幼嫩的皮肤。

冬季室内通常开暖气、空调，容易引起宝宝皮肤干燥，妈妈可以在房间内放一盆清水起加湿的作用。

宝宝脸上的绒毛、手上的脱皮，会随着宝宝长大而消失。

皮肤的护理

宝宝的皮肤特别娇嫩，但是，新手爸妈会有一些疑虑，为什么宝宝的脸上会有细细的绒毛，手上还有脱皮，看起来像个小老头？其实，这些都是新生儿的特有现象，爸爸妈妈完全不用担心，它们会随着宝宝长大而消失。

胎脂、胎毛

新生儿的皮肤细嫩而有弹性，呈粉红色。但在鼻尖、两鼻翼和鼻与颊之间，常有因皮脂堆积而形成的黄白色小点。胎毛于出生时已大部分脱落，但在面部、肩上、背上及骶尾骨部仍留有较少的胎毛。宝宝患有皮疹，皮肤上也会起斑点，但这很常见，一般几天后会自动消失。

红斑

宝宝出生后 1 周左右，皮肤上可能会出现形状不一、大小不等的红斑。红斑分布全身，尤以面部和躯干较多，颜色鲜红，按压后褪色。

宝宝出现红斑时，精神良好，哭声有力，体温、进食都正常，但有的宝宝会出现脱皮和不适现象。新手爸妈先别着急，这是新生儿红斑，是宝宝出生后皮肤接触外界空气、温度、光等刺激做出的正常反应。一般红斑出现两三天后会自然消退，不需要任何治疗。

皮肤青紫

正常新生儿的口周、手掌、足趾及甲床等处会呈现青紫色，这是由于动脉导管与卵圆孔尚未关闭，肺尚未完全扩张，肺换气功能不完善所致。几分钟后，循环系统的改变完成，宝宝就会变成粉红色。但有时出生一段时间后的宝宝的皮肤仍呈轻度青紫，尤其出生时暴露在寒冷环境中的宝宝，肢体远端仍呈明显青紫，称为周围性青紫，经保温后青紫可减轻或消失。另外，正常新生儿在用力啼哭时也会出现青紫，是因为啼哭时胸腔内压增加，影响血液的循环，这种暂时性青紫在啼哭停止后会立即消失。这些皮肤青紫都是一过性的生理现象。

但是也不能忽略病理性的皮肤青紫。病理性皮肤青紫既可由肺部疾病换气不足引起，也可因先天性心脏病导致，并且还可见于中枢神经系统损伤及某些血液病。在检查新生儿有无皮肤青紫时，应在日光下进行，仔细观察口腔黏膜、甲床和眼结合膜。

粟粒疹

如果妈妈发现自己刚出生的宝宝面颊和鼻子上长有一些小白点，那就是粟粒疹。粟粒疹没什么大碍，非常普遍，大约40%的宝宝都会长粟粒疹，最常出现在宝宝脸颊上部、鼻子或下巴上。有的宝宝只有几个，有的宝宝则可能有很多粟粒疹。

看到宝宝漂亮的脸上有这些小疙瘩，爸爸妈妈可能觉得不太舒服。医生会建议不要在宝宝的粟粒疹上抹任何油霜或药膏。这些粟粒疹既不疼，也不会感染，不用治疗，会在2~3周内自行消失，最迟一个月后消失。

准备护肤品

给宝宝做完清洁后，及时涂抹温和不刺激的婴儿油，能够预防宝宝皮肤干燥、脱皮、皲裂等问题。

被动操

被动操不同于抚触，可增强宝宝全身运动，促进宝宝身体健康。

做操前，妈妈要保证居室温度在28℃左右，室内不要有对流风。妈妈剪短指甲，摘掉手上饰物，以免划伤宝宝。脱掉宝宝多余衣服，只穿贴身的内衣就可以。

被动操不要在宝宝过饥或过饱的情况下进行，如果宝宝不适应，出现哭闹的情况，应立即停止。

做操后，妈妈要为宝宝立即穿上衣服，以防感冒。

给宝宝做抚触

宝宝喜欢妈妈用温暖、柔软的双手给自己做抚触。经常给宝宝做抚触，不仅使宝宝生长发育加快，更重要的是令宝宝肌肤的渴求得到满足。

抚触前准备

关好门窗，并调节室温至25~28℃，避免宝宝着凉。妈妈需要取下所有首饰、手表，修剪指甲、洗手，用婴儿润肤露滋润手部，避免刺激到宝宝柔嫩的皮肤。将婴儿润肤露、润肤油放在手边方便取用。

胸膛与躯干按摩

妈妈双手自上而下反复轻抚宝宝的身体，然后两手分别从宝宝胸部的外下侧，向对侧肩部按摩，可使宝宝呼吸循环更顺畅。

背部及臀部按摩

让宝宝俯卧，先揉按宝宝的臀部，再捏按宝宝背部，由下向上，再从上往下，反复5次左右。

上肢按摩

宝宝仰卧躺在床上，妈妈双手分别握住宝宝的小手，抬起宝宝的胳膊在胸前打开再合拢。这样能使宝宝放松背部，锻炼肺部功能。

下肢按摩

上下移动宝宝的双腿，模拟走路的样子。宝宝如果不配合，可以用小玩具或者其他宝宝感兴趣的东西逗引，再同时向上推宝宝的小腿。妈妈抬起宝宝的腿部，四指并拢，按摩膝盖部位。

脚部按摩

抬起宝宝一只脚，用食指弹，使宝宝的脚部感受弹击力。然后用大拇指按摩宝宝的脚底。

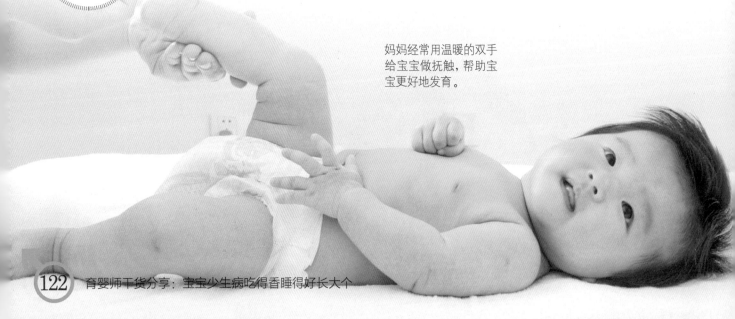

妈妈经常用温暖的双手给宝宝做抚触，帮助宝宝更好地发育。

温柔对待宝宝的小身体

宝宝的皮肤细嫩柔软，器官、系统发育还不完善，对外界适应能力较差，身体抵抗能力较弱，在护理宝宝的时候一定要温柔对待，细心呵护。

一定要勤剪指甲

宝宝的指甲每周大约可以长0.7厘米，爸爸妈妈要及时给宝宝修剪指甲。一般来说，手指甲每周要修剪一两次，脚趾甲每月修剪一两次，指甲的长度以指甲顶端与指顶齐平为佳。建议在宝宝熟睡时进行修剪。

工具：选择专门针对婴儿的小指甲设计的产品，要求灵活度高、刀面锋利，可一次顺利修剪成形。

方法：握住宝宝的小手，最好能同方向、同角度。分开宝宝的五指，捏住其中的一个指头剪，剪好一个换下一个。先剪中间，再剪两头。指甲两侧的角不能剪得太深，否则容易成为"嵌甲"。剪完后，妈妈用自己的手指沿宝宝的小指甲边摸一圈，检查一下。

不要总亲宝宝

随意亲吻宝宝脸蛋的行为其实是一种非常不卫生的生活习惯，稍不注意，就会给宝宝带来疾病，尤其以呼吸系统和消化系统疾病最为常见。

很多疾病特别是呼吸系统疾病是通过唾液和飞沫传播的，加上宝宝本身免疫系统发育不完善，对疾病的防御能力有限，当带有感冒病毒的人亲了宝宝后，很容易将病毒传染给宝宝。还有些人患有口腔疾病，如牙龈炎、口腔炎、龋齿等，如果嘴对嘴亲了宝宝，那么宝宝也有可能会感染细菌。

3招让宝宝远离皮肤干燥

1. 准备宝宝的护肤品。给宝宝做完清洁后，及时涂抹温和不刺激的婴儿油，能够预防宝宝皮肤干燥、脱皮、皲裂等问题。

2. 给宝宝口唇保湿。宝宝的口唇部位容易出现干燥、干裂的现象，新手爸妈应提前防护，尤其是干燥的冬天，应当注意给宝宝适量补充水分。

3. 给室内加湿。冬季室内通常开暖气、空调，容易使室内空气干燥，宝宝稚嫩的皮肤对干燥的环境也会敏感，因此还要注意合理控制室内湿度，妈妈可以在房间内放一盆清水起到加湿的作用。

干货！
干货！

育婴师说

不要捏宝宝的脸蛋

育儿专家指出，捏脸蛋看上去只是一个小小的动作，对宝宝的潜在伤害却是非常大的。如果经常捏宝宝的脸蛋，宝宝的腮腺和腮腺管一次又一次地受到挤压，会造成宝宝出现流口水的现象，严重时宝宝还会患上口腔黏膜炎等疾病。其实，爸爸妈妈可以用抱一抱宝宝、拉宝宝的小手、对宝宝微笑来向宝宝示好，这样更安全友爱。

听懂宝宝的哭声

宝宝不会说话，只会用不同的哭声来表达自己的意思，新手爸妈要细心地学会读懂宝宝的哭声：

饥饿时：哭声洪亮，头来回活动，嘴不停地寻找，并做着吸吮的动作。只要一喂奶，哭声马上就停止。

生病时：宝宝不停地哭闹，什么办法也没用。有时哭声尖而直，伴发热、面色发青、呕吐，或者哭声微弱、精神萎靡、不吃奶，这就表明宝宝生病了。

觉得冷或热时：宝宝觉得冷时，哭声会减弱，并且面色苍白、手脚冰凉、身体紧缩。这时把宝宝抱在温暖的怀中或加盖衣被，宝宝觉得暖和了，就不再哭了。如果宝宝哭得满脸通红、满头是汗，一摸身上也是湿湿的，这就是被子或宝宝的衣服太厚，需要减少铺盖或衣服。

尿湿时：宝宝睡得好好的，突然大哭起来，好像很委屈，查看尿布湿了，换块干的，宝宝就安静了。

可有时尿布没湿，那是怎么回事？可能是宝宝做梦了，或者是宝宝对一种睡姿感到厌烦了，想换换姿势可又无能为力，只好哭了。那就拍拍宝宝告诉他"妈妈在这儿，别怕"，或者给他换个体位，就会接着睡了。

各年龄段宝宝哭泣的原因、特点

随着宝宝的成长，宝宝哭泣的原因也会有其不同特点，应找到宝宝哭泣的原因，并给予安抚。

1~3个月宝宝

这时候的宝宝最爱随意哭泣了，因为宝宝除了听觉外，视觉也开始渐渐成熟，逐渐辨识周围不同的事物。这时的宝宝虽然不会认生，但会出现黏人的情况，只要看不到妈妈，就会大哭。

4~6个月宝宝

此时宝宝会要求妈妈更多的陪伴。他会主动跟妈妈玩，好奇心与日俱增，双手会握着东西晃动。但当没人理会他时，他会害怕、哭泣。爸爸妈妈要在这一时期多花点儿时间陪宝宝，以建立良好的亲子关系，而且可以对一直哭闹不安的宝宝产生安抚作用。

7~8个月宝宝

此时宝宝开始熟悉他身边的人了，当出现陌生人时，宝宝会立刻警觉起来，表情非常紧张。当陌生人索抱时，宝宝会吓得大哭。此时宝宝还会因为生活环境的改变而啼哭。

干货！干货！

育婴师说

别大声斥责哭泣的宝宝

爸爸妈妈上一天班回来，看到哭哭啼啼的宝宝，难免会心里不舒服，可能会责骂宝宝。要知道宝宝离开父母很不适应，所以才会有强烈的情绪反应。若是爸爸妈妈用责难或惩罚的方式来对待宝宝，宝宝会对爸爸妈妈失去信赖。

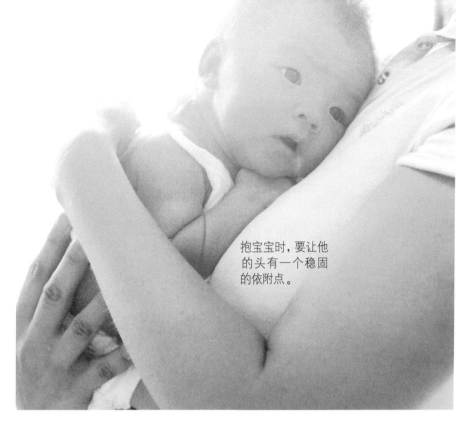

抱宝宝时，要让他的头有一个稳固的依附点。

你会抱宝宝吗

新生儿柔软、娇弱，爸爸妈妈往往不敢下手抱，其实只要爸爸妈妈抱的方法得当，对他不会有任何影响的，可是你知道抱宝宝的要点吗？

抱宝宝时要给宝宝头颈部支撑

刚出生的宝宝颈部和背部肌肉发育还不完善，头抬不起来，颈部、腰部支撑无力。妈妈抱起宝宝时，将一只手从宝宝身体的另一侧轻轻地放在他的头部下方，托住宝宝的头部，慢慢地将他抱起，这样可以给宝宝头部一个支撑，以免引起宝宝不舒服。在抱起的过程中，还要把宝宝的头小心地转放到妈妈的肘弯处、肩膀上，使他的头有一个稳固的依附点。如果妈妈竖着抱宝宝，不要移开托住宝宝头部的手。这样宝宝在妈妈的怀中会觉得很安全，很舒适，很安逸。

左边抱宝宝好

对于新生宝宝，抱时应尽可能怀抱在妈妈身体的左边，这样可以让宝宝感觉到妈妈的心跳声。这种熟悉的韵律和节奏容易使宝宝安静，不哭闹，不烦躁，表现出温和、宁静和愉悦的心情。

宝宝头围增长标准

新生儿头围的平均值是34.0厘米，在出生后的半年内，他的头围增长比较快。新生儿和成人的头围相差从十几厘米到二十厘米不等。所以，总的增长量不会很多。

宝宝1~3个月内头围增长最快，宝宝的头围在满月前后，要比刚出生时增长2~3厘米。满3个月时可增加5~6厘米，以后增长速度逐渐变慢。1岁时，男孩的头围约46.0厘米，女孩约45.5厘米。头围增长是否正常，反映着大脑发育是否正常。脑发育不全时，头围增长缓慢；而脑积水可使头围增长过快。

头围增长多少，是否在正常范围内，往往反映着大脑发育是否正常。

给宝宝测量身体各部位数值，尽早了解宝宝的发育情况。

给宝宝测量身体发育数值很重要

宝宝每天的成长情况不仅要看他的吃奶量，也可以从体重、身高、头围增长的情况来判断。

体重

体重是判定宝宝体格发育和营养状况的重要指标。新生儿每天可增加30~40克，每周可增加200~300克。出生时男宝宝的平均体重为2.26~4.66千克，满月时一般长到3.09~6.33千克；女宝宝的体重一般为2.26~4.65千克，满月时为2.98~6.05千克。

测量体重时宝宝最好空腹并排出大小便，测得的数据应减去宝宝所穿衣物及尿布的重量。

身高

宝宝出生时的平均身高是50厘米，男婴一般比女婴要高。宝宝满月后，身高的正常增加范围在3~5厘米。

测量身高，最好由两个人进行。一人用手固定好宝宝的膝关节、髋关节和头部，另一人用皮尺测量，从宝宝头顶最高点测量至足部的最低点。

头围

从右侧眉弓（眉弓即眉毛的最高点）上缘，经后脑勺最高点，到左侧眉弓上缘，三点围一圈。测量结果要精确到小数点后一位。需要注意的是，很多关于宝宝的头围问题，一般都是测量不准造成的。最好请有专业知识的医护人员来测量，数值较为准确。

胸围

宝宝出生时胸围约32厘米，比头围小1~2厘米，出生第一年增加迅速，平均可增加12厘米。在一般情况下，宝宝在1岁以内头围比胸围大，1岁时胸围逐渐超过头围，之后，胸围和头围的差距逐渐增加。

出生后要密切观察宝宝的体温

　　刚出生的宝宝体温调节中枢尚未发育成熟，皮下脂肪还不足够厚，不能像成人一样妥善地自我调节体温，很容易受外界环境温度影响发生变化。所以宝宝一出生就要采取保暖措施，并要定期测体温。

宝宝体温的正常范围

　　春秋冬的体温平均值为上午 36.6℃，下午 36.7℃；夏季上午 36.9℃，下午为 37℃；喂奶或饭后、运动、哭闹、衣被过厚、室温过高均可使宝宝体温暂时升至 37.5~38℃，尤其是宝宝受外界环境影响较大时。三种测量体温方法数值依次相差 0.5℃，即腋下 36~37℃、口腔 36.5~37.5℃、肛门 37~38℃。宝宝的体温调节中枢尚未发育完善，皮下脂肪还不够厚，所以调节功能不好，体温的波动也较大，爸爸妈妈不用担心。

测量体温的部位

　　可在 3 个部位量体温，即腋下、口腔、肛门。口腔量体温因宝宝喜欢咀嚼体温计而不常用，在腋下出于各种原因无法测量时，可用肛门内测量。宝宝腋下有汗时，应用毛巾将汗擦干后再进行测试。宝宝刚喝完热水或活动后不宜测试，应休息片刻，再量体温。测量前最好对体温计进行酒精消毒，以防传染疾病。

测量体温的时间

　　不是测量的时间越长，数据越准确。测量宝宝的口腔体温的时候，一般是 5 分钟左右。测量宝宝腋下的体温，一般是 10 分钟左右。测量宝宝肛门处的体温，一般是 4 分钟左右。饭后半小时测量宝宝的体温是较合适的。

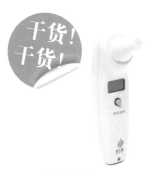

干货！干货！

育婴师说

体温计的选择

一般选择的温度计都是水银温度计，属于玻璃制品。虽然好操作，可是却容易出现断裂、破损，或者是被宝宝摔碎等情况。所以，相对来讲，玻璃制品的水银温度计不太安全。因此，建议爸爸妈妈购买较安全的电子式测温计或者是奶嘴式测温计。

相对于玻璃制品的水银温度计而言，给宝宝使用电子式测温计更安全些。

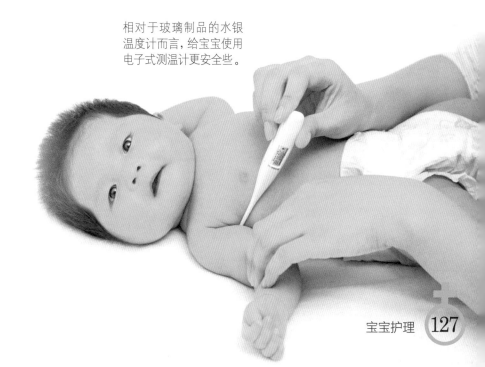

纯棉衣物手感柔软，
能更好地调节宝宝
的体温。

给宝宝选择合适的衣服

宝宝的衣物常常被称为宝宝的"第二层皮肤"，所以宝宝穿什么、怎么穿直接关系到宝宝的健康。那么，怎样给宝宝选购衣服呢？新手爸妈赶紧来学习一下吧。

宝宝的皮肤特别娇嫩，容易过敏，所以宝宝衣物一定要遵循安全、舒适和方便的原则。

安全：选择正规厂家生产的婴儿服装，上面有明确的商标、合格证、产品质量等级等标志。不要选择有金属、纽扣或小装饰挂件的衣服。尽量选择颜色浅、色泽柔和、不含荧光成分的衣物。

舒适：纯棉衣物手感柔软，更舒适。注意衣服的腋下和裆部是否柔软，这是宝宝经常活动的部位，面料不好会让宝宝不舒服。要注意观察内衣的缝制方法，贴身的那面没有接头和线头的衣服是最适合宝宝的。

方便：前开襟的衣服比套头的方便。松紧带的裤子比系带子的裤子穿起来更方便，但是注意别太紧了。

衣服的颜色也有要求

宝宝尽量选择原色或者浅色系的衣服，一般深色和颜色鲜艳的衣服都是经过染色的，容易有颜料残留，对宝宝的身体不好。

而且，颜色鲜艳的衣服宝宝还不能接受，这是因为宝宝眼睛发育并不完全，视觉结构、视神经都尚未发育成熟，过于鲜亮的颜色会对宝宝眼睛产生强烈的刺激。

干货！
干货！

育婴师说

不要给宝宝佩戴饰物

给宝宝戴饰品，对健康有百害而无一利。

首先，金属饰品中的铬、镍、铜、锌等成分都会对皮肤产生刺激，而某些塑料制品也同样会引起过敏反应。宝宝皮肤娇嫩，接触这些东西，会增加患上过敏性皮炎的概率。

其次，手镯等饰品在宝宝手腕上磨来磨去，容易擦破皮肤，导致局部破损、发炎。而戴在脖子、手腕、脚踝上的红绳等易勒住皮肤，影响血液循环，尤其是将饰品戴在脖子上，弄不好会造成组织坏死和呼吸困难。

最后，饰品上的小部件如果被宝宝误食，可能发生窒息等危险情况。

宝宝的衣服应选择柔软、舒适、安全的。

育婴师划重点：宝宝的衣服一定要选择正规厂家生产的、舒适的，衣服上也不要有装饰物，以免宝宝误吞，或是硌到宝宝娇嫩的皮肤。

宝宝穿多少衣服合适

宝宝大多数时间都是在室内的，而且宝宝的新陈代谢也比较快，所以不用穿太多。

一般宝宝比大人多穿一件衣服就可以了，如果担心他着凉，可以在里面加个背心或者小肚兜。

宝宝穿脱衣服时，要保持合适的室温，最好保持在 24~28℃。

夏天，如果室内开了空调，则要注意保护好宝宝的肚脐，以免着凉，引起腹泻。冬天，则要注意防止宝宝把小手和小脚伸出来，以免冻伤手足。

爸爸妈妈也可以通过抚摸宝宝的小手来感受宝宝身体的冷热。如果宝宝小手出汗，证明穿太多了；如果宝宝的小手冷，就证明衣服不足。一般应使宝宝小手不出汗，温热为宜。

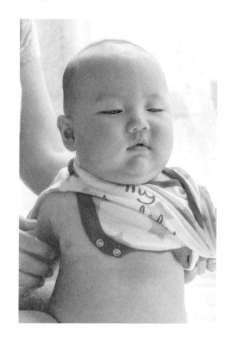

宝宝要穿袜子

刚出生的宝宝，体温的调节能力弱，尤其神经末梢的微循环未发育完全。如果不给宝宝穿袜子，非常容易着凉。稍大点后，他的活动范围扩大，如果不穿袜子，容易在蹬踩的过程中损伤皮肤和脚趾。所以最好还是给宝宝穿上袜子。

育婴师说
给宝穿连体衣

宝宝全身软软的，如何给宝宝穿衣服，这可难坏了不少妈妈，还可能引起宝宝哭闹不止。其实只要方法得当，给宝宝穿衣还真不是一件复杂的事。

1.先将连体衣解开扣子，平铺在床上，让宝宝躺在上面。

2.将宝宝的两条腿抬起，给宝宝轻柔地套好裤腿，再将小手伸到袖子中，并将小手拉出来。

3.给宝宝整理好衣服，系上带子和扣子就可以了。

给宝宝脱衣服

宝宝刚出生，神经系统发育尚不完善，还不能自主地"指挥"手臂，而且宝宝骨骼娇嫩，穿脱衣服时，要格外小心。给宝宝穿脱衣服看起来很简单，但是实际操作起来却有点难。妈妈一定要掌握技巧，动作要轻柔，才能保证在宝宝舒适、不哭闹的情况下穿脱好衣服。

首先，妈妈要将床整理干净，防止异物扎着宝宝。然后再将宝宝轻轻放在床上，慢慢解开宝宝衣服上的带子或扣子。妈妈的一只手揽住宝宝后背，托起宝宝的上半身，注意这只手要同时握住宝宝的一只手臂，另外一只手拉住宝宝的这只袖子，往外轻轻拉出来，这只袖子就脱好了。然后再把这边脱好的衣服从另一头拉出来，顺便脱掉另一边的袖子，注意双手配合好就行。

脱裤子时动作也要轻柔，不要勒到宝宝柔嫩的皮肤。脱裤子时，先抬起宝宝的臀部，将裤腰拉下来。如果是系带的裤子，则先要解开裤带，再抬起臀部，拉下裤腰，然后顺势慢慢脱下两边裤腿。

在脱衣服时一定要注意，如果衣服有拉链或带子，或者领口太小，有稍硬的装饰物时，一定要注意不要碰到宝宝的身体，以防划伤。最好是在选择衣物时避免这些不必要的饰物，选择衣料柔软的，没有硬的装饰物的衣服，才能从源头上保护宝宝。

育婴师说

春季别急着减衣服

春天回暖，有的爸爸妈妈也想给宝宝们脱去冬衣。但春季多风，乍暖还寒，昼夜温差大，加之冬季闭合的汗腺在早春时逐渐开放，春寒极易使宝宝生病，因此，别急着给宝宝脱衣服。

宝宝比爸爸妈妈稍晚几天减衣服是比较稳妥的，爸爸妈妈没有因减掉衣服而感到冷时，再给宝宝减衣服也不迟。如果气温有明显增高，早晨起床时就不要给宝宝多穿，半途给宝宝脱衣服反而更容易导致宝宝受凉感冒。

根据室温给宝宝增减衣物。

育婴师划重点： 虽然宝宝的体温调节功能还不完善，妈妈也不能一味只给宝宝加衣服。在室温较高的时候，应及时给宝宝减少衣物，避免出现宝宝出汗过多、中暑等情况。

给宝宝包襁褓

襁褓，即包裹婴儿用的被子、毛毯等物品。宝宝刚离开母体，体态上常保持在子宫时的姿势，四肢屈肌较紧张，襁褓是帮助其适应新的肢体顺直状态。

宝宝出生后，家里的老人习惯用毯子或小棉被把宝宝包裹起来。除了脑袋外，手、脚、躯干都被严严实实地包起来，并且还要用带子或绳子捆绑起来，即"蜡烛包"，认为这样既保暖，宝宝还睡得安稳。其实这种护理方法不符合宝宝的生理发育要求，会妨碍其四肢骨骼、肌肉的生长发育，而且紧紧地包裹宝宝，限制其胸廓的运动，会影响肺功能的发育。如果家人不经常打开包裹，宝宝容易形成尿布疹、肺炎、皮肤感染、褶皱处糜烂等，宝宝出汗过多，还会导致脱水热的发生。

所以妈妈最好不要遵循老人的这种育儿经验，可以选择能自由活动的斗篷式拉链袋、有袖大衣式睡袋等替代。

包襁褓不要拉直腿部

包襁褓时一定不要强行拉直宝宝的腿部，也不要用绳带绑住宝宝的腿部，以防宝宝髋关节发育不良，就以宝宝最自然的姿势包裹即可。同时，也可以只包宝宝胳膊以下的身体，这样宝宝就能活动小手了。

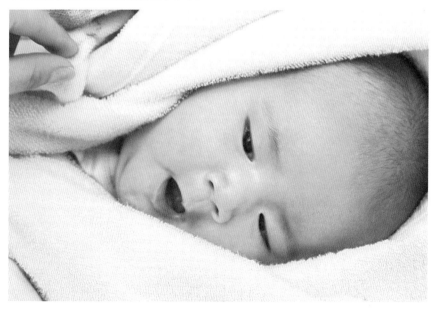

给宝宝包襁褓

怎样给宝宝包襁褓可以让宝宝保持舒适的姿态呢？

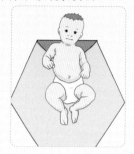

1.毯子平铺，上角折下，把宝宝仰放，头部枕在折叠位置。

2.用毯子靠近宝宝左手的一角盖住宝宝的身体，从右臂下侧披到宝宝身体后面。

3.将下角向上折并披好，将宝宝右侧的一角拉向身体左侧，披在身体下面。

育婴师纯干货——四季养护关键词

四季各有美景，如古人所说"春有百花秋有月，夏有凉风冬有雪"。但四季气候也各有令人不适的时候，春秋季多风干燥，夏季炎热，冬季寒冷。因此季节不同，宝宝护理也应有所区别。

育婴师干货分享：宝宝少生病吃得香睡得好长大个

1 春季保持室温恒定、湿度适宜：春季气温不稳定，要随时调整室内温度，尽量保持室温恒定，保持在22℃左右。春季北方风沙大，扬尘天气不要开窗，以免沙土进入室内，刺激宝宝呼吸道，引起过敏、气管痉挛等。春季空气湿度小，室内要经常开加湿器，保持相对湿度在50%~60%。

2 春季不要带宝宝到人群聚集的场所：春季阳光明媚、万物复苏，正是爸爸妈妈带宝宝外出感知自然的好时节。但是要格外注意，春季也是流行病多发的时段，在赏玩的同时，不要带宝宝到人群密集的场所，不要轻易带宝宝到医院，否则可能感染上新的疾病。

3 夏季预防痱子很重要：夏季是痱子的高发期，宝宝的前额、脖子、背部、大腿内侧等处容易出现针头大小的小红点，又痛又痒。预防痱子，最重要的就是给宝宝创造一个舒适、凉爽的环境，注意通风和降温。气温比较高时，用电风扇或者空调给宝宝所在的房间降温。平常要注意宝宝的皮肤清洁，勤洗澡，保持宝宝皮肤干爽。给宝宝穿的衣服要轻薄宽松，以减少对皮肤的摩擦。另外，不要老抱着宝宝，如果宝宝尿湿了，要及时更换尿布或纸尿裤。

4 夏季预防蚊虫叮咬：宝宝的皮肤娇嫩，最容易被蚊虫叮咬、长痱子、长疖肿等。妈妈应注意室内清洁卫生，不留卫生死角，不让蚊虫得以藏身繁衍；开窗通风时要用纱窗做屏障，防止蚊虫飞入。一般性蚊虫叮咬的处理主要是止痒；对于症状较重的宝宝，要及时清洗并对被叮咬的部位进行消毒，适量涂抹红霉素软膏。爸爸妈妈还要给宝宝勤洗手，剪短指甲，谨防宝宝搔抓叮咬处，引起再次感染。

5 秋季须防宝宝上火：进入秋季后，气候变得干燥，宝宝容易上火。宝宝一旦上火就会出现皮肤干燥，或者发生湿疹、口干、腹胀、便秘、烦躁、易哭闹等现象。建议母乳喂养的妈妈适当多饮水，多补充新鲜蔬菜和水果，忌食辣椒等辛辣食物；人工喂养的宝宝，在两顿奶之间，给宝宝补充适量的白开水。

6 秋季锻炼宝宝耐寒能力：天气刚刚转凉，就把宝宝捂起来，宝宝的呼吸道对寒冷的耐受性就会非常差。寒冷来临，即使足不出户，也容易患呼吸道感染。秋季是宝宝最不易患病的季节，要利用这个季节增强宝宝体质。爸爸妈妈要有意识地锻炼宝宝的耐寒能力，增强呼吸道抵抗力，使宝宝安全度过肺炎高发的冬季。

7 冬季适量补充维生素A、维生素D：冬季天气越来越冷，宝宝户外活动和晒太阳的次数锐减，受天气变冷的影响，人体氧化功能加强，各种维生素消耗量增加，导致宝宝患佝偻病、反复呼吸道感染、皮肤干燥、皲裂……所以，妈妈们要及时给宝宝补充维生素A、维生素D。

干货！干货！

育婴师说
可以给宝宝吹空调吗

夏季炎热，为了避免宝宝因大量出汗造成脱水或中暑情况，妈妈是可以给宝宝开空调的，但要正确使用空调，避免引起宝宝感冒、发热、咳嗽。

1.室内外温差不宜过大，气温较高时，妈妈可将温差调到6~7℃，气温不高时，妈妈可将温差调至3~5℃。

2.每4~6小时关闭空调1次，打开门窗，让空气流通10~20分钟。

3.避免冷风直吹，宝宝睡觉和玩耍的地方不宜放在空调的风口处。

4.出入空调房，要随时给宝宝增减衣服。

洗护问题

每个宝宝都是漂亮、可爱的天使，爸爸妈妈想好好照顾他们。要想让宝宝惹人喜爱，必须先讲究卫生，每天把宝宝洗得白白净净的。

做好给宝宝洗澡的准备

给宝宝洗澡，对许多新手爸妈来说是一项艰巨而富有挑战性的任务，做好洗澡前的准备，给娇嫩的宝宝洗澡也会变得得心应手起来。

准备工作

1. 确认宝宝不饿或暂时不会大小便，且吃过奶1小时以后再开始洗澡。

2. 如果是冬天，开足暖气，如果是夏天，关上空调或电扇，室温在26~28℃为宜。

3. 准备好洗澡盆、两三条洗脸毛巾、浴巾、婴儿洗发液和要更换的衣服等。

4. 清洗洗澡盆，先倒凉水，再倒热水，用你的肘弯内侧试温度，感觉不冷不热最好。如果用水温计测量，水温保持在37~38℃最好。

洗澡小贴士

1. 要用清水冲洗，最好不要用肥皂。

2. 一定要事先调好水温、水深，洗澡中途绝对不可以让宝宝独自在浴盆中。

3. 洗澡时间以10分钟为宜，如果宝宝喜欢，可适当延长宝宝洗浴的时间。最好每天洗一次，冬天可以根据情况适当延长洗澡周期。

4. 妈妈开始给宝宝洗澡时，因为不熟练会有些手忙脚乱，应该寻求丈夫或家人的帮助，慢慢就会很熟练了。

市面上的婴儿沐浴液能用吗

其实这个问题不用太纠结。既然是给宝宝设计的，当然是可以用的。只是在购买时一定要认准有质量保障的品牌，并且要注意使用期限、合格证、使用说明等信息。

冬季洗澡要迅速

冬季洗澡时，可以适当升高室内温度，洗澡时间要短，水要准备多些，水温最好控制在37~40℃，10分钟以内洗完，迅速擦干，迅速穿衣，一般不会出问题。宝宝洗澡需要的婴儿洗液、大毛巾、干净的衣服等，要提前放在手边。

 育婴师干货分享：宝宝少生病吃得香睡得好长大个

给宝宝准备护肤品

宝宝皮肤娇嫩，妈妈在购买宝宝的护肤品时一定不能马虎。

宝宝的护肤用品要选择主要由牛奶蛋白、天然植物油或植物提取液制成的护肤品，这种护肤品温和滋润，能有效保护宝宝的肌肤。在购买时，妈妈一定要看清产品的成分。

宝宝的护肤品要现用现买，买时注意生产日期及保质期。如果不是非常需要，不要购买促销或套装产品，以免造成浪费。

不过需要妈妈注意的是，1岁以内的宝宝，可以不用面部润肤品。夏季注意选择外出的时间（早晨10点以前，下午4点以后到户外活动），并注意遮阳。

准备爽身粉

很多妈妈给宝宝洗完澡后，会给宝宝抹爽身粉，不仅闻着香而且还能防止生痱子。

在给宝宝使用爽身粉时，不要在刚洗完澡的时候就给他扑爽身粉，必须等他身上的水分全部干了以后再用。扑粉的时候也要注意一次不要太多太厚，以免爽身粉堆积，加重汗毛孔的堵塞。

如果宝宝生痱子后，痒痛严重且有渗出液，就不宜给宝宝扑爽身粉，而应该及时带宝宝去医院皮肤科就诊，在医生的指导下，使用一些专业药膏如炉甘石洗剂、莫匹罗星等涂患处。

育婴师说

爽身粉与痱子粉的区别

从功能上看，痱子粉主要的功效是预防痱子的产生，除此以外还有缓解皮肤瘙痒等作用，但对已有的痱子无效；爽身粉也有吸汗除湿，预防痱子产生的作用，同时可以给予宝宝清凉芳香。但痱子粉还含有一定量的薄荷脑和水杨酸，这些物质会对宝宝的皮肤构成潜在威胁。爽身粉中，这些刺激性物质含量相对低一点，更安全一些。

宝宝皮肤娇嫩，妈妈要选择温和滋润的护肤品。

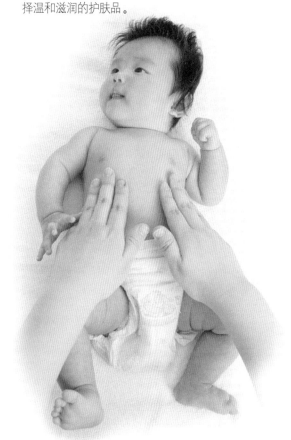

不宜给宝宝洗澡的6种特殊情况

宝宝皮肤娇嫩，新陈代谢十分旺盛，汗液不容易及时蒸发，因此洗澡是婴幼儿护理的重要内容。但是妈妈一定要注意，有以下6种特殊情况，不宜马上给宝宝洗澡，妈妈一定要记住哦！

刚吃饱的情况下

刚喂完奶，宝宝的小肚皮圆鼓鼓的像个小气球，这时，妈妈不宜马上给宝宝洗澡，因为宝宝吃太饱时给他洗澡对健康不利。

重感冒发热前后

病毒性感染发热前后48小时不宜给宝宝洗澡。洗澡过程中毛孔会张开，虽然一定程度上能起到物理降温的效果，但是因为宝宝太小，抵抗力差，在降温的同时也会有大量的冷空气随着毛孔入侵，反而有可能导致病情的加重。

皮肤受损的时候

如果宝宝皮肤有皮炎、摔伤、烫伤等受损的情况，不宜给宝宝洗澡。受损的皮肤接触到水之后容易引起感染，加大恢复难度。宝宝太小，不知道避免伤口沾水，一不小心就有可能让受损的皮肤沾到水，造成不必要的感染，导致宝宝愈合延后，或引发各种风险。因此，当宝宝的皮肤出现受损情况或是有皮肤病时，妈妈要谨慎给宝宝洗澡，就算要洗也必须听取医生的建议。

频繁呕吐的时候

宝宝吃饱了会有吐奶现象，如果宝宝有频繁呕吐的情况，建议暂时不要给宝宝洗澡。因为在给宝宝洗澡时，不可避免地要移动宝宝，这样有可能加剧宝宝的呕吐情况，令宝宝很难受，不利于他的健康。当宝宝出现呕吐时，妈妈应该轻轻地拍宝宝的后背，不要在意宝宝弄脏了衣物或是否要洗澡，而是要等宝宝停止呕吐，并休息一会儿后再给他洗澡。

情绪不好的时候

有时宝宝不想洗澡，情绪激动大哭大闹，爱干净的爸爸妈妈却完全不把宝宝的感受当一回事，强制将宝宝放进洗澡盆中，宝宝又惊又吓拼命反抗。这样的情况下，宝宝所受到的惊吓是非常大的，这加剧了下次洗澡的恐惧心理和难度，建议先哄哄宝宝，安抚一下宝宝的情绪，等宝宝稍微安定下来再尝试给他洗澡。

打预防针后

宝宝需要接种多种疫苗，这个时候大人需要注意，接种疫苗后接种部位会有个微创口，如果那个微创口接触到不干净的水，可能会造成接种部位产生红肿。因此，在接种疫苗后24小时内最好不给宝宝洗澡。

育婴师干货分享：宝宝少生病吃得香睡得好长大个

正确清洗宝宝身体的方法

皮肤是保护宝宝身体的有形防线，宝宝皮脂腺分泌旺盛，爱出汗，又经常溢奶、大小便次数多，为避免出现皮肤疾病，需经常给宝宝洗脸、洗澡。

给宝宝洗脸

妈妈给宝宝洗脸前，先洗净双手。准备好宝宝专用的毛巾和脸盆，在盆中倒入适量温开水，然后把毛巾浸湿再拧干，摊开并卷在2个或3个手指上，轻轻给宝宝擦洗。

先清洗眼部，从眼角内侧向外侧轻轻擦洗；接着擦鼻子，同时清理鼻子中的分泌物。再擦洗口周、面颊、前额、耳朵，注意擦洗耳朵时不要将水弄进耳道中。

给宝宝洗身体

给宝宝洗身体有顺序，妈妈用手臂和身体轻轻夹住宝宝，手掌托住宝宝的头部，依次洗颈部、上肢、前胸、腹部，再洗后背、下肢、外阴、臀部等处，注意皮肤褶皱处也要洗净。洗完后用浴巾把水分吸干。

宝宝皮脂腺分泌旺盛，爱出汗，需经常给宝宝洗脸、洗澡。

如何洗澡

1. 脱去宝宝衣服，妈妈左手肘托住宝宝的屁股，右手托住宝宝的头，手指按住宝宝的耳朵，以防进水。

2. 托起上半身，用小毛巾蘸水，轻轻擦拭宝宝的眼部、口鼻、脸颊部位，以同样的姿势给宝宝洗头。

3. 再分别洗颈下、腋下、前胸、后背、双臂和手。由于这些部位十分娇嫩，清洗时注意动作要轻柔。

4. 将宝宝抱起来，先洗会阴、腹股沟及臀部，最后洗腿和脚。

小阴唇粘连

小阴唇粘连表现为两片小阴唇融合在一起，从外观上看不到阴道口，但与先天性无阴症有所不同：小阴唇粘连一般由外阴发炎所致，可见一层灰色略透明的薄膜将小阴唇连在一起，而不是真正的没有阴道口。小阴唇粘连的宝宝仍可排尿，但尿流较细。

患有小阴唇粘连的宝宝可以到医院进行分离治疗。手术非常小，在门诊就可进行，如果父母不愿让宝宝做手术治疗，平时可经常清洗，粘连的小阴唇有可能会逐步分开，否则的话就要进行手术治疗。施行小阴唇粘连分离术后，父母应该每日为宝宝阴部擦一些抗生素油膏，时间持续半个月，这样可以有效防止术后阴唇再度粘连。

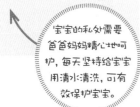

宝宝的私处需要爸爸妈妈精心地呵护，每天坚持给宝宝用清水清洗，可有效保护宝宝。

及时清洗宝宝的私处，避免引起生殖问题。

定期清洗宝宝的私处

虽然宝宝还很小，但爸爸妈妈可不要忽视宝宝的私处清洁，避免引起生殖问题。

男宝宝

男宝宝的外生殖器皮肤组织很薄弱，几乎都是包茎，很容易发生炎症。清洗时要先轻轻抬起宝宝的阴茎，用一块柔软的纱布轻柔地蘸洗根部；然后清洗宝宝的阴囊、腹股沟，这里褶皱多，较容易藏匿汗污。清洗宝宝的包皮时，用你的右手拇指和食指轻轻捏着宝宝阴茎的中段，朝他身体的方向轻柔向后推包皮，然后用清水涮洗。

女宝宝

最好每天用温水清洗女宝宝的外阴2次。女宝宝阴部的清洗顺序跟擦拭的方向一样，一定要由前向后。具体方法如下：

1. 用一块干净的纱布从中间向两边清洗宝宝的小阴唇。再从前往后清洗她的阴部。

2. 接下来清洗宝宝的肛门。尽量不要在清洗肛门后再擦洗宝宝的阴部，避免交叉感染。

3. 再把宝宝大腿根缝隙处清洗干净，这里的褶皱容易堆积汗液。

4. 此外，女宝宝的尿布或纸尿裤要注意经常更换。为女宝宝涂抹爽身粉时不要在阴部附近涂抹，否则粉尘极易从阴道口进入阴道，引发不适。

洗护小脚保健康

宝宝的下肢越来越有力，腿脚整天动个不停，如果不是每天洗澡，那每天用热水洗个脚就很有必要了。

泡脚

让宝宝双脚完全浸入水中，保持不动，温水多泡一会儿，以宝宝感觉舒适为宜。

洗脚

从脚趾到脚后跟一点点沿皮肤表面清洗。

按摩

洗过一遍后，如果水还不是太凉，可以给宝宝按摩全脚，顺序也是从脚趾开始到脚后跟，动作不必太拘泥，只要宝宝感觉舒服就可以。

为了让宝宝舒舒服服地洗脚，水温和水量也要适宜。夏天

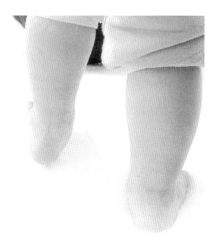

的时候洗脚水的温度一般可以在38~40℃；到了冬天，洗脚水的温度可以适当提高，一般可以在45~50℃。洗脚时的水量以将整个足部都浸在温水中为宜，浸泡时间需保持3~5分钟。

注意足部保暖

人的双脚离心脏的距离较远，而宝宝脚部皮肤细嫩，活动又少，加上婴幼儿时期体温调节功能发育得还不完善，所以，宝宝的脚部很容易受凉。脚部受凉很容易引起感冒，这是因为脚与上呼吸道黏膜之间存在着密切的联系。一旦脚部受凉，局部血管收缩，血流量减少，会反射性地引起上呼吸道黏膜内的毛细血管收缩，致使抵抗力下降而引起感冒。

所以无论是冬天还是夏天，都要注意宝宝脚部的保暖。尤其是夏天，不要让电扇直吹宝宝的脚，午睡或夜间睡眠时，宝宝双脚也不要露在外面。

干货！干货！

育婴师说

宝宝袜子的选择

如果宝宝的小脚比较凉，爸爸妈妈可以给宝宝穿一双袜子，以防宝宝受凉感冒。

给宝宝选择袜子时一定要注重质量。因为袜子是和宝宝的小脚亲密接触的，要透气、舒适，以柔软、可吸汗的纯棉质为好。

袜子在水洗后容易缩水，因此爸爸妈妈要随时对比袜子与宝宝小脚丫的大小，不能太包脚，否则宝宝会觉得不舒服，而且太小的袜子也会阻碍宝宝脚的发育。爸爸妈妈可以先拿袜子与宝宝的脚作对比，检查一下袜子的后跟是不是正好在宝宝的脚后跟上，如果发现袜子过大或变小，应及时更换。

育婴师纯干货——洗护问题关键词

给宝宝做清洁、护理是很琐碎的一件事，但只要从爱的角度出发，正确、科学地进行护理，宝宝健康成长就不难实现。

1 **每天给宝宝洗手**：新生儿的小手每天都呈握拳状态，手指夹缝和手掌常常藏有污垢，所以要经常给宝宝洗手。在清洗时，妈妈要握着宝宝的手，把手放进水盆，一面拨动水，一面轻轻扒开宝宝手指。注意动作一定要轻柔，这样才能使宝宝产生舒适感。

2 **出牙前帮宝宝"刷牙"**：真正的牙齿保健从宝宝出生后不久就开始了。爸爸妈妈应在宝宝吃完奶后或睡觉之前，用温热的水浸湿消毒纱布，然后卷在手指上，轻擦宝宝口腔各部分黏膜和牙床，以去掉残留在口腔内的乳凝块。这样做可以促进宝宝口腔黏膜、颌骨的生长发育，增强抗病能力。

3 **宝宝的衣物用手洗**：宝宝肌肤娇嫩，爸爸妈妈在清洗宝宝衣物时要多注意，最好用清水或是婴儿专用洗衣液手洗，不要和大人衣物放在一起洗，避免宝宝感染病菌。洗净污渍后要彻底漂洗，用清水反复漂洗两三遍，直到水清为止。最后，用晒太阳的办法除菌。如果碰到阴天，可以在晾到半干时，用电熨斗熨一下，也能起到杀菌的作用。

4 **内外衣物分开洗涤**：宝宝的内衣和外衣最好分开洗涤。通常情况下，宝宝的外衣要比内衣脏，因为外衣沾染的细菌和污垢要多，分开洗涤，避免二次污染。另外，深色衣物和浅色衣物也要分开洗涤，避免染色。

5 **宝宝的衣服、被褥不用漂白剂、除菌剂**：有些洗涤剂写着能除菌、漂白，很多妈妈都会觉得，使用除菌剂或者漂白剂，可以有效杀死细菌，从而给宝宝更好的保护。其实这样的做法是不可取的，因为这些除菌剂跟漂白剂一般很难漂洗干净。而且漂白剂含有化学成分，用漂白剂洗宝宝的衣服会伤害宝宝柔嫩的肌肤。妈妈应该尽量选择宝宝专用的清洗剂，或者用天然的、刺激小的肥皂来清洗宝宝的衣物。

6 **清洗皮肤褶皱部位**：宝宝皮肤的褶皱部位往往是妈妈容易忽略的地方，这些褶皱处很容易出汗、滋生细菌，导致各种皮肤问题。在洗澡时，妈妈应将皮肤褶缝扒开，清洗干净，特别是对肥胖、皮肤褶缝深的宝宝，更应注意。洗完澡后要用柔软的干毛巾将水分吸干，保持褶皱部位的干燥。

7 **洗澡时避免水进入眼睛**：在给宝宝洗澡时，要防止水流进宝宝的眼睛引起不适，使宝宝害怕洗澡。可以用宝宝头朝下的姿势抱稳宝宝再洗，也可以买婴儿洗澡帽子，都可以有效防止水流入眼睛。

8 **不让宝宝长时间泡在水里**：在宝宝脐带愈合后，也不要将宝宝长时间泡在水里，即便是宝宝喜欢玩水，也应控制每次洗澡时宝宝在水里的时间不超过 10 分钟。

9 **不用母乳给宝宝擦脸**：有些妈妈认为用母乳给宝宝擦脸可以让宝宝的皮肤又白又嫩。其实这种方法对宝宝是有害的。母乳中营养丰富，也给细菌滋生提供了良好的培养环境，宝宝的皮肤娇嫩，血管又丰富，将母乳涂抹在宝宝脸上，容易使细菌在大面积繁殖之后进入皮肤的毛孔中，引发毛囊炎。

干货！干货！

育婴师说

宝宝总是眨眼睛

宝宝老是不停地眨眼睛，除了要考虑可能是宝宝眼部出现了炎症，以下 3 种情况也不要忽略。

1. 倒睫毛：由下眼睑缘向后卷，眼睫毛刺激眼球引起的。

2. 眼内异物：灰尘或者小虫子之类的微小异物停留在宝宝的眼睛内，造成不适。

3. 心理习惯：之前眼睛出现问题，痊愈之后不自觉地保留下眨眼的习惯。

如果是前两种原因引起的，爸爸妈妈要及时帮助宝宝解决身体不适，如果是第 3 种原因，则需要带宝宝去看心理医生。

大小便问题

宝宝吃完、喝完后，就得排泄。宝宝还小的时候，拉便便或尿尿时不会说，所以需要妈妈细心观察，一旦发现宝宝拉了、尿了，要及时更换尿布，以免引起宝宝不舒服。

育婴师说
宝宝小便

有些新生儿初次排出的尿液呈红色，或者在尿布上、尿道口及包皮上发现粉红色（或橘黄色）的粉末状印迹，这种粉末是尿液中尿酸盐沉积的颜色。这主要是因为新生儿的尿量较少，出生后血液中的红细胞破坏较多，使血液中尿酸增多，尿液中的尿酸盐排泄增加，尿液被染成红色。这种情况不用特殊处理，适当补充水分就可以了，几天后即可消失。若爸爸妈妈还是不放心，可将宝宝的尿液送医院化验，没有尿红细胞即可排除"血尿"了。

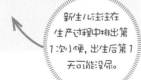

新生儿往往在生产过程中排出第1次小便，出生后第1天可能没尿。

宝宝第1次大小便

爸爸妈妈对于宝宝的第1次总是会十分关心的，那么宝宝的第1次大小便什么时候排出，如何护理才不会伤害到宝宝娇嫩的小屁股呢？

第1次大便

时间：新生儿出生12小时内会排胎便，因为胎便中含大量胆红素，所以，若超过24小时仍无胎便排出，需就医，以免加重新生儿黄疸。

颜色和性状：出生后排出的胎便为墨绿色黏稠状。

大便量：胎便一般2~4天排干净，总量在150克左右。

第1次小便

时间：第1次排尿在出生后12小时以内。

颜色和次数：新生儿的肾发育还不成熟，过滤能力不足，因此尿色为淡黄清亮色，每天排尿次数为10余次。如果发现尿液为白色或灰白色，宝宝过分哭闹，应就医。

小便量：第1次尿量很少，有10~30毫升。若新生儿吃奶少，体内水分流失多，或者进入体内的水分不足，就会出现少尿或无尿的现象。

新生宝宝便便的变化

新生宝宝的便便并不是一成不变的，它会随着时间的变化有所区别。爸爸妈妈要明白这些变化，以便掌握宝宝的健康情况。

过渡便

新生儿出生 48 小时后，会排出混着胎便的乳便，这叫过渡便。2~4 天后胎便排尽，转为黄色糊状便，每天 3~5 次，大部分是在喂奶时排出。因为喂奶时，奶水刺激胃肠道，引起排便，这属于正常的生理现象。

出生后 24 小时内不排便要警惕

正常新生儿多数于出生后 12 小时内开始排便，胎便总量为 100~200 克，如 24 小时内不排胎便，应注意检查有无消化道畸形。如乳汁供应充分，胎便 2~4 天排完即转变为正常新生儿大便，由深绿色转为黄色。

育婴师说

出生 24 小时后不排胎便怎么办

正常新生儿在出生后 12 小时内开始排胎便，最迟在 24 小时内排出胎便。但是如果发现宝宝在出生后 24 小时内还没有排胎便，妈妈也不要慌张。

首先，观察宝宝有无异常情况。如看看宝宝腹部有无发胀，吃奶量和精神是否正常。

其次，新手爸妈可以给宝宝进行抚触，在腹部做顺时针按摩，帮助宝宝排出胎便。如果一段时间还没有排出胎便，就要去咨询医生，检查是否由疾病引起的。

不同喂养方式的正常便便也有区别

母乳喂养	呈金黄色，多为均匀糊状，偶有细小乳凝块，有酸味，每天 2~5 次。即使每天大便达到 6~8 次，但大便不含太多的水分，呈糊状，也可视为正常。
人工喂养	粪便呈淡黄色或土黄色，大多成形，含乳凝块较多，为碱性或中性，比较干燥、粗糙，量多，有难闻的粪臭味，每天 1~2 次。
混合喂养	母乳加奶粉喂养的宝宝粪便与喂奶粉者相似，但较黄、软。添加谷物、蛋、肉、蔬菜等辅食后，粪便性状接近成人，每天 1 次。

大便有奶瓣怎么办

宝宝大便中有白色小块，俗称"奶瓣"，3个月以内的宝宝大便中有奶瓣是十分常见的现象，这与其本身消化系统发育不完善有关。当然，饮食也是一个原因，母乳喂养和人工喂养也有所区别。

母乳喂养

原因：母乳喂养的宝宝可能和妈妈的饮食喜好有一定的关联，也和宝宝消化道发育不完善有关。

建议：妈妈饮食不要过于油腻，摄入蛋白质不要太多，妈妈不要补钙过量，也要注意宝宝腹部保暖，若宝宝身高体重增长正常，妈妈就不用过于担心，平时给宝宝适当喝白开水，喂完奶后给宝宝进行腹部按摩，养成定时排便的习惯，必要时在医生指导下给宝宝吃点益生菌。

人工喂养

原因：是由于奶粉中部分脂肪皂化后，与多余的钙相结合形成的。部分未吸收的"奶块"样东西，称蛋白块或脂肪球，所以冲调奶粉一定要按照比例冲调，浓度不能太高，按照正确方法转奶，可以根据少量多餐的方法给宝宝进行改善。

建议：妈妈两餐奶中间给宝宝适当补水，喂奶后半小时可以进行腹部按摩，也要观察一下宝宝是否有缺钙的症状，必要时在医生指导下给宝宝补充钙剂。如果宝宝一直以来不管是喝母乳或是喝奶粉都有奶瓣，而且宝宝身高体重都达标，精神各方面都好，那就不要太担心，一般情况都是正常的。

如果宝宝精神状态良好，
喝点益生菌调理一下就可以了。

育婴师说

干货！
干货！

宝宝腹泻怎么办

如果宝宝大便次数多，而且性状稀薄，可能是出现了腹泻，应及时带宝宝到医院检查，对症治疗。

隔离与消毒

宝宝用过的碗、奶瓶、水杯等要消毒；衣服、尿布等也要用开水烫洗。

注意观察病情

记录宝宝大便、小便和呕吐的次数、量和性状，就诊时带上大便采样，以便医生检验、诊治。

外阴护理

勤换尿布，每次大便后用温水擦洗臀部，女宝宝应自前向后冲洗，以防泌尿系统感染。

育婴师划重点：宝宝出现精神状态不佳、长时间出现奶瓣现象，爸爸妈妈应带宝宝就医。

宝宝便血怎么办

遇上宝宝大便带血的情况，妈妈不要慌乱，先判断宝宝大便出血的原因，再做下一步的处理。如果宝宝便血量少，且进食和睡眠正常，那么爸爸妈妈不用太过紧张。

大便带血的原因

痢疾：包括细菌性痢疾和阿米巴痢疾，有发热、大便次数增多、便中混有新鲜血液及黏液等症状。

出血性小肠炎：发热、腹痛、呕吐、大便次数增多并带有黏液、血液。

肠套叠：患肠套叠时，宝宝的哭声是突发而出的，节奏先长后短，还伴有反复呕吐、腹胀、便血的症状，同时宝宝的大便为果酱样，腹部可摸到肿块。

根据出血量的多少判断

潜血：少许消化道出血，肉眼看不到或不能分辨，需通过化验才能判定。

少量便血：仅仅从肛门排少许血便，或内裤沾少量血便。

大量便血：短期内大量便血，24 小时内出血超过全身总血容量的 15%~25%。

根据出血颜色判断

新鲜血便：颜色鲜红，多数为接近肛门部位出血和急性大量出血。

陈旧血便：颜色暗红，混有血凝块，多为距离肛门较远部位的肠道出血。

果酱样血便：颜色暗红，混有黏液，是典型小儿急性肠套叠的血便。

黑便：为小肠或胃的缓慢出血。

如果爸爸妈妈无法判断是什么原因引起的血便，最好还是尽快去医院检查一下。

育婴师说
绿便便

宝宝拉绿色大便一般是由于以下原因造成的，妈妈要注意对比，再对症治疗。

饥饿原因

饥饿会导致胃肠蠕动过快，使肠道中的胆红素尚未转换，就从大便中排出，便便就会变绿、变稀。

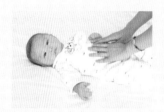

消化问题

脂肪在消化过程中，消耗胆汁较少，多余的胆汁则从大便中排出，使大便呈绿色。

铁质不吸收

吃含有铁质奶粉的宝宝，若不能完全吸收奶粉中的铁质，则大便呈黄绿色，且有臭味。

把尿打挺

宝宝神经系统发育尚未完善，对大小便是不能自主控制的，全靠先天的生理功能自动排便。

尽量不要把尿，更不要把尿太勤，因为长此以往，容易造成膀胱容量太小，不能积存太多的尿液。生活中有些宝宝动不动就有尿意，但每次只能尿一点点就是这个缘故。有很多妈妈，为了防止宝宝尿湿裤子，动不动就把尿，宝宝不想尿时也总是把着，宝宝肯定会有情绪，自然会奋力抵抗。

科学的育儿方法不提倡把尿，大部分宝宝在一岁半到两岁之间大脑可感知尿意，会自己说想尿尿。那时可以开始训练养成好的排便习惯。

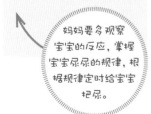

妈妈要多观察宝宝的反应，掌握宝宝尿尿的规律，根据规律定时给宝宝把尿。

不建议过早给宝宝把大小便

给宝宝把大小便，是不科学的，会造成很多问题，如骨骼畸形、尿频、脱肛等。

不要给新生儿把大小便

新生儿对大小便排泄还没有什么意识，可是很多妈妈从宝宝一出生就开始训练宝宝大小便了，通过"嗯嗯""嘘嘘"的声音，或者把大小便的动作，让宝宝建立起排泄的条件反射。但把大小便不利于宝宝的健康成长，容易造成宝宝脱肛的现象，甚至会埋下痔疮的隐患。

3个月后

大部分医生会建议，3个月后再慢慢给宝宝进行大小便训练。3个月以后，宝宝的大小便开始变得规律起来。但宝宝的生活习惯还没有定型，不会进行反抗，只要妈妈引导得当，再加以适当的刺激，良好的排便习惯很容易就养成了。一般每天大便3~4次，小便10次左右。妈妈可以顺势培养宝宝定时排便的习惯。这样不仅减少妈妈换洗尿布的麻烦，还可以使宝宝的胃肠活动逐渐形成规律，能够锻炼宝宝括约肌的收缩功能和膀胱的储存功能，有利于宝宝的健康成长。

特别提醒

开始训练宝宝大小便后，妈妈一定要注意，不要强迫宝宝大小便，宝宝不愿意大小便时，就不要勉强，一定要循序渐进，逐渐形成良好的排便习惯。

干货！干货！

避免长时间把大小便

妈妈在把大小便时，如果不能判断宝宝是否需要便便或尿尿，就不要长时间把着宝宝了。因为这种把大小便的动作会让宝宝形成反射，尽管肠道没有大便，膀胱并没有充盈到排尿的程度，宝宝也会排大小便，结果就让宝宝老想尿尿，导致尿频的不良后果。

什么时候可以开始如厕训练

宝宝的如厕自理行为就像学走路一样，是一个需要耐心等待的过程，它的顺利完成不取决于父母的主观愿望，而在于宝宝动作与心智两方面的成熟度和它们的完美配合，通常 1~2 岁的宝宝大脑神经系统会发育得比较完全，此时可以培养宝宝自己坐便盆。

如厕训练前的准备

1.告诉宝宝这件事。在进行如厕训练之前，要让宝宝清楚自己要做什么，如果妈妈已给了宝宝足够的时间去认识如厕训练是怎么回事，训练过程会相对轻松一些。

2.激起宝宝的兴趣。宝宝喜欢围着妈妈转，无论是穿衣服、洗澡、上厕所都愿意跟着。妈妈可以充分利用这个机会激起宝宝的兴趣，教宝宝自己上厕所。

3.培养宝宝对身体功能的自觉意识。给宝宝换尿布的时候，告诉宝宝尿布有多湿。万一宝宝在地上拉了便便，告诉他究竟发生了什么事，这样对于宝宝身体功能性的自觉意识有一定的提高。

4.准备好如厕用品。选购一个合适的便盆，再给宝宝买一个小内裤，这样宝宝会感觉自己长大了，为了不弄脏小内裤，自然会减少"意外"的发生。

训练宝宝如厕的小窍门

大小便的具体时间安排：宝宝小便的时间应安排在他刚睡醒或饮水后。大便的时间应安排在某一餐后，饭后由于食物的特殊动力作用可以促进肠蠕动，有助于宝宝将粪便排出。

夏季最适合训练：不管爸爸妈妈和宝宝多么努力，训练过程中都无法避免意外情况的发生，所以训练最好在夏季开始。因为夏季穿得少，换洗方便，即使训练失败也好处理。

不要操之过急：如果训练失败，一片狼藉，爸爸妈妈也不要训斥、责骂宝宝，否则会给宝宝带来心理压力，对如厕训练产生抵触情绪。在如厕训练的过程中，爸爸妈妈要多点儿耐心，多鼓励、称赞宝宝，他会更主动、更有自信。

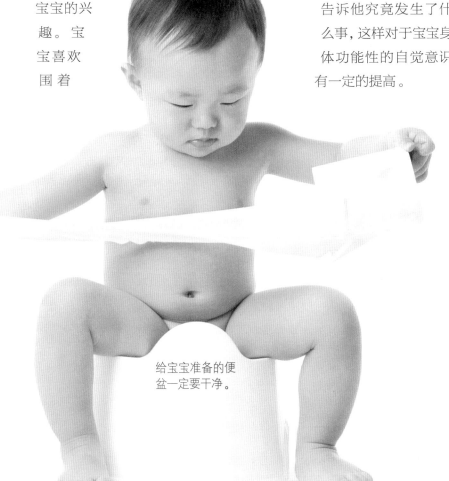

给宝宝准备的便盆一定要干净。

尿布 PK 纸尿裤

宝宝从出生到能够大小便自理，一直有尿布陪伴。老一辈人喜欢给宝宝用棉尿布，舒服还省钱，而新一代妈妈则喜欢用纸尿裤，方便、省心。

传统尿布

优点：尿布大都是棉布材质，质地柔软，不会因为摩擦而使宝宝的小屁股受伤，环保又省钱。

缺点：宝宝尿尿后无法保持表面干爽，必须赶紧更换。新生儿一天可尿 20 次以上，所以要经常换洗尿布，妈妈及家人会很辛苦。

纸尿裤

优点：纸尿裤使用方便，减少了妈妈的劳动，并且能使宝宝的小屁股保持干爽。

缺点：透气性差，使用费用高。聪明的妈妈可以在外出和夜间使用纸尿裤，白天在家用尿布，既节省费用又可发挥各自的优点。

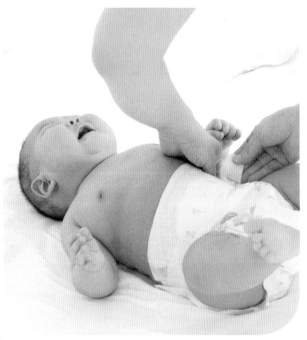

干货！干货！

育婴师说

纸尿裤的选购要点

市场上的纸尿裤有多种类型，很多妈妈不知道什么类型的最适合自己的宝宝。其实不难，关键还是要挑选透气性好、松紧适度、经济又实惠的纸尿裤产品。

透气

如果纸尿裤不具有透气外层，则宝宝尿后的尿液存在纸尿裤中，分解后产生氨，极易造成红屁股。

松紧适宜

有的纸尿裤在两边用了很紧的橡皮筋，只穿一会儿宝宝的大腿根处就被勒得发红，要慎重选择这种纸尿裤。

价格与实用结合

有些产品虽然价格稍贵但是吸水量大，消耗量相对较少，仔细算来也许更经济实惠；如果要避免"红屁股"而经常更换，那么价格便宜的纸尿裤更实用。妈妈可以根据需要，搭配使用。

尺寸合适

宝宝长得很快，纸尿裤的大小一定要适合宝宝的小屁股。一般说来，如果宝宝的体重已经接近纸尿裤标示的上限，就应该给宝宝换大一号的纸尿裤了。不同品牌的尺寸标准不完全一样，一定要先少量买，试用不同品牌，看看大小有什么差异，给宝宝选择大小最合适的。

保护肌肤

纸尿裤总是有些闷热，易患尿布疹，所以每次穿、换纸尿裤时都应给小屁股上涂一点护臀霜，轻轻按摩，促进吸收，可以保护宝宝的肌肤。

白天给宝宝用纯棉尿布，晚上用纸尿裤。

育婴师划重点：应给宝宝选择透气、吸水量大、松紧适宜、经济实惠的纸尿裤。

纸尿裤使用注意事项

妈妈要注意经常察看，根据具体情况决定更换纸尿裤的时间间隔。被粪便污染的纸尿裤要及时更换，以免宝宝患上尿布疹。

根据季节的不同，选用厚薄不一的纸尿裤。冬天可选择稍厚的纸尿裤，夏天则应选用轻薄的纸尿裤。

宝宝的皮肤细嫩，容易被擦伤，因此选用纸尿裤时要检查其两侧的松紧度，避免太紧伤害到宝宝的腿部皮肤。

纸尿裤要选择正规厂家、符合国家质量标准的合格产品。

纸尿裤对男宝宝无害

男宝宝穿纸尿裤不会造成成年后不育。有家长担心纸尿裤的包裹会影响阴囊温度，其实无论是使用尿布还是纸尿裤，都会提高阴囊内的温度，但到目前为止还没有证据说明使用纸尿裤与男性不育有关。而且，男宝宝在使用纸尿裤时，阴囊内还没有精子形成。正确使用纸尿裤引起的温度变化，是不会对宝宝青春期的生殖健康产生不良影响的。

纸尿裤所用的原料相当于一层能吸收并留住尿液的布料，吸收尿液后，不会产热。实验结果显示，使用纸尿裤的阴囊平均温度为35.7~36.4℃，不会对男宝宝造成任何伤害。

要勤给宝宝洗屁股。

给宝宝穿纸尿裤

纸尿裤在新手爸爸妈妈眼里完全是陌生的。下面就教爸爸妈妈给宝宝换纸尿裤的方法。

1. 宝宝躺在床单上，铺开纸尿裤，放到宝宝屁股下面。

2. 将纸尿裤提到两腿间撑平，不要揉在一起。注意不要太用力，以免压到宝宝的肚子。

3. 把纸尿裤两侧的胶带粘上，保持能留2根手指的空间。

怎么给宝宝换尿布

换尿布时：一只手伸到宝宝小屁股的下方，托住宝宝的臀部和腰部抬起宝宝，在臀部下方铺平尿布。把宝宝的屁股放在尿布中间，然后按照包尿布的方法从两腿间折回尿布，注意不要盖住肚脐。

垫尿布时：要尽可能垫松一些，只垫上胯股部分即可。如果用尿布和衣服将宝宝的下半身勒得太紧的话，不仅会妨碍宝宝的腿部运动，也会妨碍宝宝的腹式呼吸。

如何给新生儿洗尿布

使用传统尿布时，清洗与消毒是非常重要的。新生儿每天用的尿布很多，可每天集中清洗几次。如果尿布上只是尿湿，可以将尿布用清水浸泡，然后进行清洗。如果是大便，则需要先将大便清理干净，用婴儿专用肥皂清洗，然后再用清水冲洗干净。

清洗干净的尿布要消毒。可以将洗干净的尿布集中用沸水烫一下再晾干，也可以将洗好的尿布放在阳光下暴晒。注意给宝宝洗尿布时，尽量少用碱性太强的去污剂。如果使用，一定要冲洗干净，以免刺激宝宝的皮肤。

纸尿裤的处理

如果在家里，完全可以在换纸尿裤的时候，把换下来的纸尿裤卷起来，用纸尿裤原有的粘胶粘好，用塑料袋包起来，再扔进有盖的垃圾桶里。家里的垃圾桶最好半天拿出去倒一次，这样，可避免细菌的蔓延，也保证了家里环境的洁净。

如果是在外面郊游，妈妈也可以采取用塑料袋包裹的措施，等到了有垃圾桶的地方，再扔进垃圾桶。

干货！干货！

育婴师说

更换纸尿裤注意要点

更换纸尿裤时手部要干燥洁净，给宝宝穿新纸尿裤前可在臀部涂一些护臀膏，以预防"红屁股"。

更换纸尿裤时注意不要包得太紧，否则易导致红臀、皮炎等发生。

尽量选择吸湿力强、有透气腰带和腿部裁剪设计、大小适合的纸尿裤，这样宝宝穿着舒适，对宝宝皮肤也有好处。

换尿布时，如果宝宝随便乱动，妈妈会累得满头大汗。这时，可以把宝宝喜欢的玩具放到他的手中，吸引注意力，宝宝就不会随便乱动了。妈妈也可以在换尿布时播放轻柔的音乐，宝宝也能安静下来。

尿布较为透气，但也要勤换，以防宝宝红臀。

育婴师划重点：尿布尿湿后，妈妈应及时将尿布摘下，避免尿液长时间接触宝宝的皮肤，引起红臀。

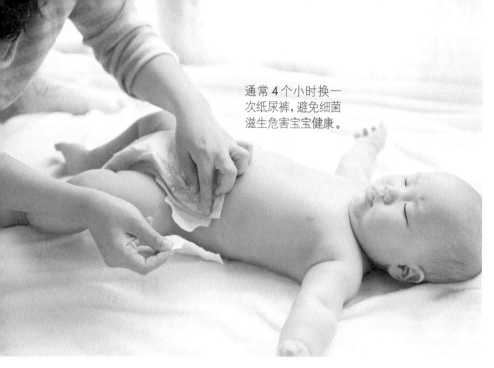

通常 4 个小时换一次纸尿裤，避免细菌滋生危害宝宝健康。

何时该给宝宝换纸尿裤了

宝宝大便后需要马上更换纸尿裤，而小便则可以隔 2~3 小时换一次，宝宝便后通常会以啼哭的方式告诉妈妈。

妈妈千万可不要因为纸尿裤没有尿湿而不换，因为细菌的滋生是多方面的。一般 4 个小时就要换一次，可不能为了省时省力而危害到宝宝的健康。

另外，如果宝宝多喝水，那么尿量就多，就得多注意一下纸尿裤是否鼓胀，如果发现纸尿裤已经鼓胀，就应该马上更换。

新生儿时期由于宝宝的膀胱未发育完全，不能将小便在体内存留很久，所以纸尿裤更换次数会多些。一般 24 小时内更换纸尿裤的次数可多达 10 次，每次喂奶前后、大便后、睡觉前均需更换纸尿裤。

婴幼儿时期，白天可以 3 小时换一次，大一点时可以 4~6 小时换一次，夜间换 2 次或是 1 次。

纸尿裤的型号大小也要随着宝宝的月龄和体重的变化而及时更换。现在市面上很多纸尿裤的型号大小都标注有宝宝的体重适用范围，妈妈可以根据这个范围和自己宝宝的实际情况来选择。

除此之外，纸尿裤也有男女之分，在选购时一定要看清是适用于男宝宝还是女宝宝。

育婴师说

给宝宝脱纸尿裤

宝宝尿湿了或者便便了，纸尿裤显色条变颜色了，要赶紧给宝宝换掉纸尿裤。

1. 在宝宝屁股下面放个一次性尿垫，以免弄脏床单。把脏纸尿裤的腰贴打开并折叠，以免划到宝宝的腰部皮肤。

2. 把脏纸尿裤的前片拉下来，一只手抓住宝宝的两个脚踝，轻轻上抬，另一只手用婴儿专用纸巾把便便或尿液擦掉。

3. 撤出脏的纸尿裤，然后用婴儿湿巾、湿棉布或湿纱布把宝宝小屁股擦干净。

臀部护理

宝宝的小屁股角质层薄，防御功能也比成人低，可每天为宝宝做个臀部护理，这样他的小屁股就会又滑又嫩。

1. 用一块干净的大毛巾将宝宝的上半身包起来，防止宝宝着凉。

2. 抱着宝宝，将宝宝的下半身浸入盛有温水的盆中。

3. 将婴儿沐浴露搓出泡沫，一手托住宝宝，一手用搓好的泡沫清洗宝宝的肛门、腹股沟和皮肤褶皱处。

4. 取一块干净的毛巾，用温水蘸湿，将宝宝的小屁股再清洗一下。

5. 再取一块干净的毛巾，将宝宝的小屁股擦干，一定要将两边的腹股沟、皮肤褶皱处擦干净。

6. 最后在宝宝小屁股上涂一层薄薄的润肤油。

涂上润肤油后，给宝宝做个按摩，宝宝更快乐。

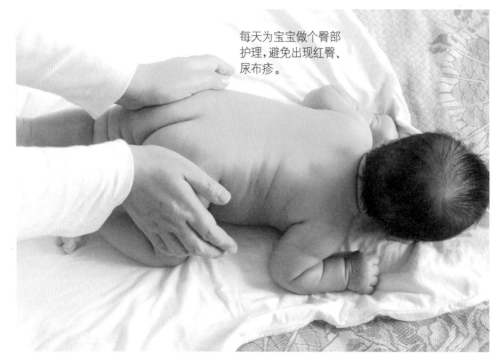

每天为宝宝做个臀部护理，避免出现红臀、尿布疹。

宝宝的"红屁股"

宝宝小时候拉得多、尿得多，如果护理不当，会出现红臀、尿布疹。为了让宝宝的小屁股永远干爽、健康，父母要仔细观察、细心呵护，避免给宝宝带来痛苦。

新生儿屁股娇嫩，皱褶多，往往易出现"红屁股"，医学上称为尿布疹。多发生在与尿布接触的部位，如小屁股和会阴，主要表现是大片红斑、水肿，表面光滑、发亮，边界清楚。严重的会发生脓包、溃疡、发热等。妈妈要做好预防措施，勤换尿布或纸尿裤，适当减少用尿布和纸尿裤的时间，让宝宝的小屁股多透透气。

每次大小便后及时清洁皮肤，用清水洗干净，然后给宝宝涂些护臀霜。

给宝宝洗澡时，尽量少用浴液或香皂，因为浴液或香皂中的碱性物质会影响皮疹愈合。

给宝宝选用擦拭小屁股的纸巾时，应选用不含酒精或香精的湿巾，以免刺激皮肤，加重皮疹。

适当给宝宝晾晾小屁股。新生儿的皮肤发育还不完善，抵抗力也差，很容易受尿液刺激，引起"红屁股"。另外，宝宝新陈代谢快，排汗多，如果热气不能有效排出，也易引起"红屁股"。

宝宝的那些"屁"事

小宝宝也会放屁，他们通过放屁来给妈妈传达信号，从每一个屁中，妈妈可以知道宝宝的健康状况，甚至连宝宝是不是饿了，都可以从屁中了解哦！

宝宝的以下这4种屁，妈妈要注意。

臭屁

如果宝宝有段时间经常放屁，闻起来有点酸臭味，并且不停地打嗝，这很可能是由于宝宝最近脂肪和蛋白质摄入过多了，引起消化不良。这时妈妈可以适当减少宝宝的奶量，已添加辅食的宝宝应减少脂肪和蛋白质含量高的食物的摄入。

空屁

如果听见宝宝断断续续不停地放屁，而且大多是空屁，没有臭味，这多是宝宝胃肠排空后，因饥饿引起的肠蠕动增强造成的。为了判断宝宝是否饿了，妈妈可以凑近宝宝的小肚子，能听到阵阵的肠鸣声就表明宝宝饿了。

多屁、多便便

如果宝宝特别爱放屁，而且拉得也多，通常是由于宝宝吃了过多淀粉含量高的食物引起的，对于母乳喂养的宝宝，则是由于摄入前奶（含水分多）过多，而后奶（脂肪多）过少，宝宝的胃部迅速排空，并向肠道运送过量乳糖，导致肠道发酵增加，需要排气。妈妈在喂养的时候，可以让宝宝前奶后奶摄入均衡。母乳喂养的妈妈也要少吃水果、花生、酵母以及一些易产气的蔬菜（如洋葱、豆芽等）。

多屁、肚子咕咕响

有时宝宝会出现多屁，且肚子咕咕响的情况，这表明宝宝在进食过程中吸入了过量的空气。所以每次喂完奶后，妈妈要把宝宝竖抱起来，拍拍嗝。母乳喂养宝宝时，让宝宝把妈妈乳头、乳晕一起含到嘴里，这样能够更好地控制奶流的缓急，也不易因喂奶间断而吸入过多空气；用奶瓶喂奶时，注意奶嘴孔不要过大或过小。

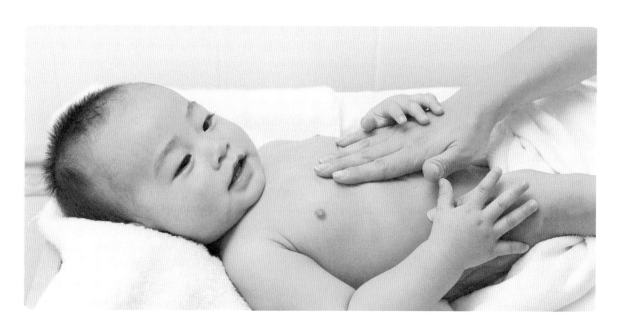

育婴师纯干货——问题便便护理关键词

宝宝大便的形状和质地，尿液的颜色、状态多种多样，宝宝的健康状况其实都表现在这些便便中。如果出现了问题便便，就预示着宝宝出现了问题，爸爸妈妈要找准原因，及时进行护理。

1 灰白便: 宝宝从出生后拉的就是灰白色或陶土色大便,一直没有黄色,但小便呈黄色。应对措施:赶紧通知医生,很有可能是先天性胆管梗阻所致。延误诊断和治疗会导致永久性肝脏损伤。

2 豆腐渣便: 大便稀,呈黄绿色且带有黏液,有时呈豆腐渣样。应对措施:这可能是霉菌性肠炎,患有霉菌性肠炎的宝宝同时还会患有鹅口疮,如果宝宝有上述的症状,需到医院就诊。

3 绿色稀便: 粪便量少,次数多,呈绿色黏液状。应对措施:这种情况往往是因为喂养不足引起的,这种大便也称"饥饿性大便",说明宝宝没吃饱,这时只要给足营养,宝宝的大便就可以转为正常。

4 水便分离: 粪便中水分增多,呈汤样,水与粪便分离,而且排便的次数和量有所增多。应对措施:这是病态的表现,多见于肠炎、秋季腹泻等疾病。丢失大量的水分和电解质会引起宝宝脱水或电解质紊乱,应该立即带宝宝到医院就诊,并注意对宝宝用具消毒。

5 蛋花汤样大便: 每天大便5~10次,含有较多未消化的奶块,一般无黏液。多见于喝牛奶或配方奶的宝宝。应对措施:如为母乳喂养则应继续,不必改变喂养方式,也不必减少奶量及次数,一般能自然恢复正常。如为混合喂养或人工喂养,需适当调整饮食结构。可在奶粉里多加一些水将配方奶调配稀些,还可适当喂些含糖盐水,也可适当减少每次的喂奶量而增加喂奶次数。如果两三天大便仍不正常,则应请医生诊治。

6 泡沫状便: 大便稀,大便中有大量泡沫,带有明显酸味。应对措施:适当调整饮食结构就能恢复正常。添加辅食前的宝宝出现黄色泡沫便,表明奶含糖量高了,应适当减少糖量,增加奶量。已经开始添加辅食的宝宝出现棕色泡沫便,则是因食物中含淀粉过多,如米糊、乳糕等,宝宝胃肠对食物中的糖类不消化所引起的,减少或停止食用这些食物即可。

7 臭鸡蛋便: 大便闻起来像臭鸡蛋一样。应对措施:这是提示宝宝蛋白质摄入过量,或蛋白质消化不良。应注意配方奶粉浓度是否过高,进食是否过量,可适当稀释奶粉或限制奶量一两天。如果已经给宝宝添加蛋黄、鱼肉等辅食,可以考虑暂时停止添加此类辅食,等宝宝大便恢复正常后再逐步添加。还可以给宝宝服用益生菌,以帮助消化。

8 油性大便: 粪便呈淡黄色,液状,量多,像油一样发亮,在尿布上或便盆中如油珠一样可以滚动。应对措施:这表示食物中脂肪过多,多见于人工喂养的宝宝,需要适当增加糖分或暂时改喂低脂奶等。但要注意,低脂奶不能作为正常饮食长期食用。

9 血便: 血便的表现形式多种多样,通常大便呈红色或黑褐色,或者夹带有血丝、血块、血黏膜等。应对措施:首先应该看看是否给宝宝服用了过多铁剂或大量含铁的食物,如动物肝脏、血所引起的假性便血。如果大便变稀,含较多黏液或混有血液,且排便时宝宝哭闹不安,或大便呈赤豆汤样、果酱色、柏油样黑便、鲜红色血便,则应该引起注意了。总之,血便不容忽视,以上状况均需立即到医院诊治。

干货! 干货!

育婴师说

每天大便几次

母乳喂养

母乳喂养的新生儿每天大便次数较多。一般为每天排便2~5次,但有的新生儿会每天排便七八次。随着月龄的增长,新生儿大便次数会逐渐减少,两三个月后大便次数会减少到每天一两次。

人工喂养

对于人工喂养的宝宝,主要不是看多久大便一次,而是看周期规律和性状如何。只要周期有规律,大便糊状无泡沫,颜色正常,一般没问题。

混合喂养

混合喂养的新生儿,一般每天大便三四次且量多。

常见疾病预防
与护理

宝宝在长身体的过程中，免不了要生病，疾病
虽不严重，却仍然会给爸爸妈妈带来不小的烦
恼。本章详细地介绍了宝宝的一些常见
病，并提供一些护理的参考方法，
爸爸妈妈可以随时根据
症状查找宝宝的
病因。

新生儿常见疾病

刚出生的宝宝太娇嫩，抵抗力太差，出现某些症状时，新手爸妈一定要冷静应对，学习正确的护理方法，让宝宝尽快康复、健康成长。

鼻塞的防治

温湿毛巾敷

如果是因感冒等情况使鼻黏膜充血肿胀，可用温湿毛巾敷于宝宝鼻根部，能起到一定的缓解作用。

药物滴鼻

如果效果不理想，可用0.5%麻黄素滴入鼻孔，每侧一滴。每次在吃奶前使用，以改善吃奶时的通气状态。每天使用三四次，次数不能过多，因为过多使用可能造成药物性鼻炎。

勤打扫卫生

为了减少家中的过敏原，新手爸妈要勤换床单，经常吸尘，这样可以减少宝宝鼻敏感的情况。

如果上述这些方法尝试过后，宝宝还是鼻塞严重，甚至发生鼻子青紫现象，应该及时就医。

干货！干货！

打喷嚏别紧张

宝宝偶尔咳嗽、打喷嚏并不一定是感冒了，可能是棉絮、绒毛、尘埃等刺激鼻腔黏膜引起的自我保护，新手爸妈不要盲目用药。

感冒

宝宝由于免疫系统尚未发育成熟，所以更容易患感冒。

感冒症状

一般宝宝感冒将持续7~10天，有时可持续2周左右。咳嗽是最晚消失的症状，它往往会持续几周。

宝宝一旦出现感冒的症状，就要立即带他去看医生。尤其是当宝宝发热超过37.5℃（腋下温度）或有咳嗽症状时。

如何治感冒

首先要带着宝宝去医院进行检查，了解感冒的原因。

如果是合并细菌感染，医院会给宝宝开一些抗生素，一定要按时按剂量吃药。

如果是病毒性感冒，则没有特效药，主要就是要照顾好宝宝，减轻症状，一般7~10天就恢复了。

如果鼻子堵塞已经造成了宝宝吃奶困难，就需要请医生开一点盐水滴鼻液，在吃奶前15分钟滴鼻，过一会儿，即可用吸鼻器将鼻腔中的盐水和黏液吸出。

黄疸

新生儿黄疸分为生理性黄疸和病理性黄疸。

病理性黄疸

足月的新生儿一般在出生后7~10天黄疸消退,最迟不超过2周,早产儿可延迟至出生后3~4周退净。如果黄疸的消退超过正常时间,或者退后又重新出现,均属不正常,需要治疗。

但是如果宝宝出生后24小时内就出现黄疸,而且每天黄疸进行性加重,全身皮肤重度黄染,呈橘皮色,或者皮肤黄色晦暗,大便色泽变浅呈灰白色,尿色深黄,或者黄疸持续时间超过2~4周,就可能是病理性黄疸。

生理性黄疸

生理性黄疸的表现:宝宝出生后2~3天出现皮肤黄染,4~5天达到高峰,轻者可见颜面部和颈部出现黄疸,重者躯干、四肢出现黄疸,大便色黄,尿不黄,偶尔可见轻度嗜睡和食欲差。正常新生儿7~10天黄疸消退,早产儿可能会延迟2~4周。新生儿生理性黄疸是一种由新生儿胆红素代谢产生的正常生理现象,新手爸妈不必过分担心。

母乳性黄疸

如果确诊为母乳性黄疸,不必带着宝宝去医院救治,母乳性黄疸不需要吃药。轻者可以继续吃母乳,重者应该停喂母乳,改喂配方奶。也可采取多次少量的方法喂养,或将母乳挤出,放到奶锅中煮到60℃,再凉至常温喂给宝宝喝,都可有效避免黄疸加重。

微摩尔 / 升

```
          ‥‥‥ 早产儿
250 •      --- 足月儿

200 •

150 •

100 •

50 •

 0 •
      脐带血    24小时    38小时    3~7天
```

正常新生儿黄疸指数最高约51.3微摩尔 / 升(3毫克 / 分升),在生后4天左右达高峰,一般在171~205微摩尔 / 升(10~12毫克 / 分升)内,早产儿不超过256.5微摩尔 / 升(15毫克 / 分升),以后逐渐恢复。

干货!干货!

育婴师说

两步防黄疸

1. 注意补充水分。可以每天给宝宝喝三次25%的葡萄糖溶液,这样排泄快,黄疸会慢慢退去。

多晒太阳。给宝宝晒太阳时,

2. 打开窗户,避开风口。先晒宝宝的小脚和腿,再晒腹部、胸部和体侧,不能只照射一侧,两侧都要晒。晒太阳时尤其要注意保护宝宝的眼睛,可以戴帽子遮挡。

高温惊厥

高温惊厥是婴儿时期常见的急症，通常指宝宝在呼吸道感染或其他感染性疾病早期，体温高于39℃时发生的惊厥。

主要症状

宝宝先有发热症状，随后发生惊厥，惊厥出现的时间多在发热开始后 12 小时内。在体温骤升之时，突然出现短暂的全身性惊厥发作，伴有意识丧失。

惊厥持续几秒钟到几分钟，大多不超过 10 分钟，发作过后，神志清醒。

预防高热惊厥的发生

提高免疫力：加强营养、合理膳食，经常进行户外活动，以增强体质、提高抵抗力。必要时，在医生指导下使用一些提高免疫力的药物。

预防感冒：随天气变化适时添减衣服；尽量不要到公共场所、流动人口较多的地方去；如家人感冒，应尽可能少与宝宝接触；每天开窗通风，保持家中空气流通。

家庭急救措施

1. 应迅速将患儿抱到床上，使之平卧，解开衣扣、衣领、裤带，可采用物理方法降温（用温水擦拭全身）。

2. 将患儿头偏向一侧，以免痰液吸入气管引起窒息，并用手指甲掐人中穴（位于鼻唇沟上 1/3 处）。

3. 患儿抽搐时，不能喂水、喂食，以免误入气管发生窒息，可把裹布的筷子塞在患儿的上、下牙之间，以免其咬伤舌头并保障呼吸道通畅。

进行家庭处理的同时应就近就医，在注射镇静药及退热针后，一般抽搐就能停止。切忌长途跑去大医院，以免延误治疗时机。

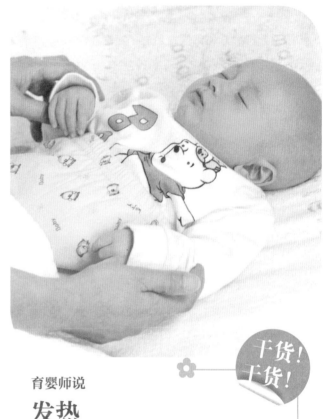

干货！
干货！

育婴师说

发热

不要宝宝一发热就给宝宝吃药，而要更多地选择自然育儿方法。

发热在 38.5℃以下

建议采取物理降温，如用温水擦一擦宝宝的四肢、腹股沟和腋窝，直到宝宝皮肤发红为止。

发热在 38.5℃以上

当宝宝的体温达到 38.5℃以上，建议在医生指导下给宝宝服用一些退热药物。因为这个体温超过宝宝的承受能力，会影响脑细胞的生存环境，要及时给宝宝服用一些退热药物。

定时测量体温并做好详细记录，以便咨询医生。

育婴师划重点：首次发生惊厥后，一些宝宝会再次发生惊厥，一定要给宝宝降温并定时测量体温。

育婴师干货分享：宝宝少生病吃得香睡得好长大个

咳嗽

宝宝咳嗽得声嘶力竭，新手爸妈也非常心疼，但不要慌张、乱给宝宝吃药。

宝宝咳嗽先找原因

咳嗽如果伴随着发热和流鼻涕，则是感冒的症状。如果感冒过后继续咳嗽，则要诊断是否患了支气管炎。如果晚上咳嗽得厉害，有可能是喘息性支气管炎。

咳嗽时不发热，但呼吸困难，则要警惕是否为哮喘。如果没有明显的征兆而突然剧烈咳嗽，同时有呼吸困难、脸色发青等症状，则需要马上观察是否吞食了异物。

宝宝剧烈咳嗽时，妈妈可以轻拍宝宝的后背，或让宝宝坐直身子。如果是咳嗽得开始呕吐，要尽量抬高宝宝的身体，让宝宝坐直，或者侧躺，以避免呕吐物堵住呼吸道。

宝宝咳嗽不要乱用药

最好针对宝宝咳嗽的原因来护理，必要时要带宝宝去医院就诊。爸爸妈妈不要乱用药，在给宝宝使用止咳药和抗生素之前，必须咨询医生，并严格按照医生建议的方法和剂量来给宝宝服用。

水蒸气止咳法

在宝宝咳嗽剧烈时，让宝宝吸入水蒸气，潮湿的空气有助于缓解宝宝呼吸道黏膜的干燥，湿化痰液，平息咳嗽。不过，新手爸妈可千万要小心，注意水温，避免对着宝宝的口鼻直吹，以防烫伤宝宝。

育婴师说

给宝宝排痰

宝宝不会吐痰，为避免痰多致使肺部感染，爸爸妈妈应给咳嗽有痰的宝宝排痰。

1.让宝宝横向俯卧在妈妈的大腿上，妈妈用腿夹住宝宝的腿，一只手托住宝宝的颈部。

2.拱起手背，由下向上、从外到内给宝宝拍背。手劲要适度，能感觉到宝宝背部有震动就可以了。

3.拍5分钟后，给宝宝喂点温开水，补充水分。温开水可以提前准备好，在给宝宝喝之前，妈妈应先用手腕试一下温度。

干货！干货！

育婴师说
吃鱼肝油

易患佝偻病的宝宝在出生后半个月，就要开始准备补充维生素 D 了。如果宝宝没有明显的缺钙现象，就不要额外补充钙剂，只要每天吃鱼肝油 400~800 国际单位就可以了。因为母乳和配方奶中含钙量较高，而维生素 D 的含量较少，因此需要额外补充维生素 D，以促进钙的吸收。

宝宝吃的鱼肝油不要随便选购，最好听从医生的建议。

佝偻病

佝偻病是宝宝因缺乏维生素 D，钙吸收率低，使钙磷代谢失常而发生的骨骼病变。

易患佝偻病的宝宝

早产儿和出生体重较轻（低于 3 000 克）的宝宝、孕期缺钙的妈妈所生的宝宝、哺乳期缺钙的妈妈所哺育的宝宝、生长发育太快的宝宝。

佝偻病的症状

早期的表现是宝宝易受惊、爱哭闹、睡眠不安、多汗等，头后部有一圈没有头发，易患呼吸道感染，常伴贫血。

预防和治疗佝偻病

宝宝要多晒太阳，适当接触紫外线，可以使人体中的 7- 脱氢胆固醇转变成维生素 D，促进钙的吸收。哺乳妈妈和宝宝都应经常晒太阳。

及时给宝宝服用浓缩鱼肝油和钙。母乳喂养是预防宝宝佝偻病的最佳方式，因为母乳中的维生素 D 和其他营养物质易于被宝宝吸收。

育婴师说
多汗、枕秃 ≠ 佝偻病

有些宝宝刚入睡时出汗较多，是由自主神经还不够稳定造成的；有些宝宝出现枕秃是因为生理性多汗或头部与枕头经常摩擦形成的，这两种现象不属于佝偻病，妈妈要学会区分。

让宝宝多晒太阳、及时补充维生素 D 都可以预防佝偻病。

肺炎

小儿肺炎是婴幼儿时期的多发病，其中，以病毒和细菌引起的肺炎最为常见。

病因与症状

如果宝宝刚出生时就有肺炎，多数是因为在生产过程中或者产前引起的。怀孕期间，胎儿生活在充满羊水的子宫里，一旦发生缺氧（如脐带绕颈），就会发生呼吸运动而吸入羊水，引起吸入性肺炎；如果早破水、产程延长或在分娩过程中吸入细菌污染的羊水或产道分泌物，则容易引起细菌性肺炎；如果羊水被胎便污染，吸入肺内会引起胎便吸入性肺炎。

还有一种情况是出生后感染性肺炎。宝宝感染病毒引起的肺炎，会使宝宝持续高热三四天，也会导致咳嗽与流鼻涕，其症状与感冒类似。但是，如果咳嗽中的痰越来越多，并且高热 4 天依然不退，则需马上看医生。

有时肺炎也不以发热为主要症状，但是，如果咳嗽不断、浓痰增多时，最好马上就医诊断。

家庭护理

1. 给宝宝创造一个安静、整洁的环境，让他充分休息。

2. 不要强迫宝宝进食，要多喝水，以补充水分。

3. 以易于消化、清淡的食物为主，多吃水果、蔬菜，忌吃瘦肉、鱼和鸡蛋为主的高蛋白食品。

4. 如果宝宝呼吸急促，可用枕头将背部垫高，以利于呼吸畅通。

5. 帮助宝宝清除鼻涕。如果鼻涕太多，可以用吸鼻器吸出来。

吸鼻器可帮宝宝清除鼻涕。

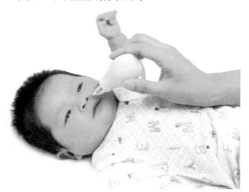

6. 帮助宝宝咳痰。将宝宝抱起，轻轻拍打背部，不能竖着抱起的宝宝应勤翻身，可以防止肺部瘀血，也可使痰液容易咳出，有助于康复。

7. 多开窗通风，保持屋内空气畅通，但避免过堂风。

干货！干货！

育婴师说

尽量谢绝感冒客人看宝宝

新生宝宝接触的人中有带菌者（比如感冒）的话，很容易受到传染而引起肺炎。因此，宝宝出院回家后，应尽量谢绝客人，尤其是患有呼吸道感染者，要避免进入宝宝房内。妈妈如果患有呼吸道感染，必须戴口罩接近宝宝。每天将宝宝的房间通风一两次，以保持室内空气新鲜。

湿疹的类型

干燥型

湿疹表现为红色丘疹，皮肤红肿，丘疹上有糠皮样脱屑和干性结痂现象，很痒。

脂溢型

湿疹表现为皮肤潮红，小斑丘疹上渗出淡黄色脂性液体覆盖在皮疹上，以后结成较厚的黄色痂皮，不易除去，以头顶及眉际、鼻旁、耳后多见，但痒感不太明显。

渗出型

多见于较胖的宝宝，红色皮疹间有水疱和红斑，可有皮肤组织肿胀现象，很痒，抓挠后有黄色浆液渗出或出血，皮疹可向躯干、四肢以及全身蔓延，并容易继发皮肤感染。

> 宝宝患了湿疹，妈妈可带宝宝去医院，让医生根据宝宝的情况开一些可以涂抹的药。

湿疹

婴儿湿疹，中医称奶癣，多见于易过敏的宝宝。

症状

湿疹多出现在宝宝出生后 1 个月到 1 岁时，在宝宝的脸、眉毛之间和耳后与颈下对称地分布着小斑点状红疹，有的还流有黏黏的黄水，干燥时则结成黄色痂。通常会有刺痒感，常使宝宝哭闹不安。

护理方式

湿疹是婴幼儿的一个常见病症，所以如果不是特别严重或特别痒的话，可以不用管它。有部分宝宝添加辅食以后出现湿疹，就有可能和辅食有关，主要是鸡蛋和部分坚果，如各种豆类、花生、芝麻等。

1. 最好吃母乳，尽量避开过敏原，随着年龄的增长，可吃多种富含维生素的食物，如苹果、橙子等。

2. 湿疹皮损勿用水洗，严禁用肥皂水或热水烫洗，且勿用刺激性强的药物。

3. 将宝宝的两手加以适当约束，以防抓伤，引起皮损泛发。

4. 衣着应宽大、清洁，以棉质衣物为好，尿布应勤换。

5. 激素类软膏不宜用于面部或大面积皮肤，长期使用会产生副作用，应在医生指导下使用。

6. 哺乳妈妈要少吃或暂不吃鲫鱼、鲜虾、螃蟹等诱发性食物。

季节性湿疹

春季里，对于过敏体质的宝宝来说，可能会出现咳嗽、喘息。有的宝宝会在手足等处长出红色小丘疹，这就是春季出现的湿疹，有明显的瘙痒感，但不需要特殊处理，春季过去自然会消失。

宽大的衣服可减少与宝宝皮肤之间的摩擦。

脐炎

脐带脱落前，脐部易成为细菌繁殖的温床，导致发生新生儿脐炎。此时细菌可能侵入腹壁，进而进入血液，成为引起新生儿败血症的常见原因之一。如果宝宝脐部炎症明显，有脓性分泌物，新手爸妈则应立即送宝宝到医院治疗。

预防措施

预防宝宝脐炎最重要的是做好断脐后的护理，保持宝宝腹部的清洁卫生，具体护理方式如下。

1. 保持宝宝脐部干燥。宝宝脐带脱落之前，不要把宝宝放在水盆中洗澡，最好采用擦浴的方式，因为将脐带浸湿后会导致延期脱落且易感染。

2. 选择质地柔软的衣裤减少局部摩擦。

3. 宝宝洗澡后涂爽身粉时应注意不要落到脐部，以免长期刺激形成慢性脐炎。

4. 不要用脐带粉和甲紫，因为粉剂撒在肚脐局部后与分泌物粘连成痂，影响伤口愈合，也增加感染机会。而甲紫只能起到表面干燥作用，反而会因颜色遮盖影响观察病情。

5. 尿布不宜过长，不要盖住脐带，避免尿湿后污染伤口，有条件可用消毒敷料覆盖保护脐部，同时可用 75% 的酒精擦脐部，每日 4~6 次，促进脐带干燥脱落。

6. 脐带脱落后，如果脐窝处仍有分泌物，脐带根部发红，或者伤口不愈合，有脐窝湿润表现，应立即进行局部处理，可用 3% 的双氧水冲洗局部两三次后，用碘伏消毒。脐周被碘伏涂着处可用 75% 的酒精脱碘，以免妨碍观察周围皮肤颜色。

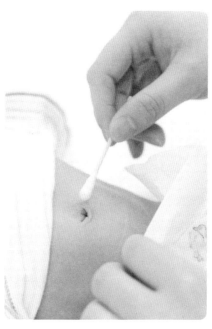

育婴师说

干货！
干货！

如何判断是否患脐炎

从外观上看，宝宝脐部与周围组织发红肿胀，肚脐中间发红、潮湿，有黏性或脓性分泌物，闻起来有臭味，这种症状就是患脐炎引起的。患急性脐炎的宝宝，还常伴有厌食、呕吐、发热等表现。

感染金黄色葡萄球菌等细菌是导致新生儿脐炎的主要原因，细菌还可以通过肚脐这个门户进入血液，引起新生儿败血症。

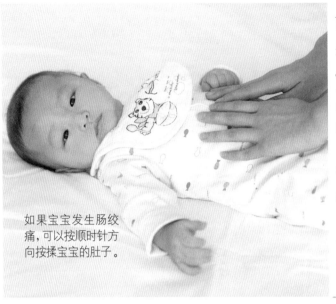

育婴师说
肠绞痛紧急处理办法

当宝宝肠绞痛发作时，应将宝宝竖着抱起来，让他的头伏于妈妈肩上，轻拍背部排出胃内过多的空气，并用手轻轻按摩宝宝腹部。也可用布包着热水袋放置于宝宝腹部，使肠痉挛得到一定的缓解。但是要注意热水袋温度不宜过高，以免烫伤宝宝。如宝宝腹胀严重，则用小儿开塞露进行通便排气，并密切观察宝宝，如有发热、脸色苍白、反复呕吐、便血等现象则应立即到医院检查，不要耽误诊治时间。

> 宝宝发生肠绞痛时要善于辨别，并竖抱起来，拍拍嗝，帮助宝宝排气。

如果宝宝发生肠绞痛，可以按顺时针方向按揉宝宝的肚子。

育婴师说
帮助肠绞痛宝宝排气

妈妈可以在手上涂一层润肤霜或者婴儿油，按顺时针方向轻轻按揉宝宝的小肚子，有助于排出肠道内的气体。

经常发生肠绞痛的宝宝，可以让他在睡前趴一会儿，有利于身体内气体的排出，防止睡觉时发生肠绞痛。

干货！干货！

肠绞痛

婴儿肠绞痛是指有些宝宝突然大声哭叫，可持续几小时，也可间断阵发性发作。

发病症状

哭时宝宝面部渐红，口周苍白，腹部胀而紧张，双腿向上蜷起，双足发凉，双手紧握，抱哄、喂奶都不能缓解。

常常发生在夜间，多半发生在宝宝3个月以内，并多见于易激动、兴奋、烦躁不安的宝宝。

发病原因

1.宝宝吃奶时吞入大量空气、哭闹时也吸入较多空气，气泡在肠内移动，导致腹痛。

2.宝宝吃奶太急或者是吃得过饱，使胃过度扩张引起不适。

3.饥饿时，宝宝阵阵啼哭引起胃肠痉挛；牛奶过敏等原因也会诱发肠绞痛。

预防与治疗

婴儿肠绞痛目前没有有效的预防方法，但是在护理宝宝的过程中，还是需要注意一些细节，以免由于喂养或护理不当造成宝宝肠绞痛。

1.母乳喂养的宝宝，妈妈在饮食上需忌口，不吃辛辣味重、寒凉刺激性食物，以免影响乳汁的质量。人工喂养的宝宝，冲调的奶水温度一定要适宜，避免太热或太凉，刺激宝宝的肠胃。

2.适当给宝宝补充益生菌，保持菌群功能平衡，帮助消化。

肠套叠

　　肠套叠是指部分肠管及其相应的肠系膜套入邻近肠腔内所形成的一种特殊类型的肠梗阻，是婴幼儿时期很常见的一种急腹症。

发病时间

　　肠套叠常见于 2 岁以内宝宝，尤以 4~12 个月的宝宝最多见。随着年龄的增长，肠套叠发病率逐渐降低，男女比例为 3：1 或 4：1，春末夏初为发病高峰。

症状

　　阵发性腹痛：宝宝哭闹 3~5 分钟，间歇 10~15 分钟，疼痛时屈膝缩腹，面色苍白，手足悸动，出汗。

　　呕吐：开始是反射性的，呕吐物主要为乳汁、乳块等，之后的呕吐可能带有黄绿色胆汁，一两天后呕吐物可能带有臭味。

　　血便：多于肠套叠发病后 6~12 小时出现，是本病特征之一，常为暗红色果酱样便，也可能为新鲜血便或血水，一般没有臭味。

　　腹部肿块：多数可在右上腹或腹部中间摸到肿块，呈腊肠样，光滑而不太硬，略带弹性，可稍活动，有压痛。

早发现最重要

　　宝宝患了肠套叠，没有办法在家中处理。作为爸爸妈妈，最重要的是能够尽早发现，及时到医院就医治疗。肠套叠的早期诊断和治疗非常重要。

　　如果早期就诊，95% 以上的患儿可经结肠充气或钡剂灌肠治愈，方法简便，效果显著，患儿也无痛苦；如果发病超过 48 小时，患儿出现发热、脸色不好、脉搏细弱等危重症状时，就必须采用手术治疗了。

干货！
干货！

育婴师说

过早添加辅食易引发肠套叠

宝宝消化道发育不成熟，功能较差，各种消化酶分泌较少，过早添加辅食会使消化系统处于"超负荷"的工作状态，增加胃肠道负担，诱发肠蠕动紊乱，引发肠套叠。所以为了避免引发肠套叠，爸爸妈妈不要过早给宝宝添加辅食。

肠套叠是宝宝常见的一种急腹症，要尽早发现，及时治疗。

腹泻

找出宝宝腹泻原因

有很多因素会造成宝宝腹泻，应该先找到原因，然后对症采取措施治疗。有些宝宝的腹泻是生理性的，会随年龄的增长逐渐好转，可不必治疗。

如果腹泻次数较多，大便性质改变，或宝宝两眼凹陷、有脱水现象时，应立即送医院诊治。

如果妈妈判断不出来宝宝是生理性腹泻还是病理性腹泻，最好是先去医院就诊，由医生判断，以免耽误病情。

判断宝宝是否腹泻的方法

1.根据排便次数。正常的宝宝大便一般每天1~2次，呈黄色糊状。腹泻时排便次数会比正常情况下增多，轻者4~6次，重者可达数十次。

2.大便性状为稀水便、蛋花汤样便，有时是黏液便或脓血便，则为腹泻。宝宝同时伴有吐奶、腹胀、发热、烦躁不安、精神不佳等表现。

家庭护理方法

腹泻的宝宝需要妈妈的细心呵护，宝宝腹泻时的护理注意事项有如下几点。

1.隔离与消毒：接触生病宝宝后，应及时洗手；宝宝用过的碗、奶瓶、水杯等要消毒；衣服、尿布等也要用开水烫洗。

2.注意观察病情：记录宝宝大便、小便和呕吐的次数、量和性状，就诊时带上大便采样，以便医生检查、诊治。

3.外阴护理：勤换尿布，每次大便后用温水擦洗臀部，然后用软布吸干，以防清洁不当引发泌尿系统感染。

干货！干货！

育婴师说

秋季预防宝宝腹泻

秋季腹泻起病急，初期常伴有感冒症状，如咳嗽、鼻塞、流鼻涕，半数患儿还会发热（常见于病程初期），一般为低热，很少高热。大便次数增多，每天10次左右，呈白色、黄色或绿色蛋花汤样大便，带黏液，无腥臭味。半数患儿会出现呕吐，呕吐症状多数发生在病程的初期，一般不超过3天。治疗上，只能是补充水和电解质。在家庭护理中，预防脱水是很重要的环节。

在预防及护理上要做到：坚持母乳喂养，因为母乳中的免疫性物质可以抵御病原微生物的入侵，使宝宝不易发生腹泻及消化道疾病等；注意宝宝食物及餐具的清洁卫生；及时补充水分，注意观察尿次及尿量；气候变化时避免过热或受凉，居室要通风。

宝宝腹泻后，及时给宝宝补充水分，以免宝宝脱水。

育婴师划重点：宝宝腹泻后及时补充水分，如果妈妈发现补水后呕吐次数较多或小便次数及量明显减少，应及时就医。

便秘

新生儿发生便秘的情况不是非常多，但早期有胎粪性便秘，这是因为胎粪稠厚，积聚在结肠和直肠内，使得排出量很少，出生后 72 小时还尚未排完，表现为腹胀、呕吐、拒奶。

对于胎粪性便秘，爸爸妈妈可在医生指导下使用开塞露刺激。胎粪排出后，症状就会消失不再复发。如果随后又出现腹胀这种顽固性便秘，要考虑是否患有先天性巨结肠症。

新生儿便秘容易发生在人工喂养的宝宝身上。如果排便并不困难，并且大便也不硬，新生儿精神好，体重增加也正常，这种情况就不是病。如果排便次数明显减少，每次排便时还非常用力，并在排便后出现肛门破裂、便血，则应积极处理，及时到医院诊治。

千万不可自行用泻药，因为泻药有可能导致肠道的异常蠕动而引起肠套叠，如不及时诊治，可能造成肠坏死，严重时还会危及生命。

攒肚

宝宝出生 2 个月后，50%～60% 母乳喂养的宝宝都会"攒肚"。宝宝满月后，对母乳的消化、吸收能力逐渐提高，每天产生的食物残渣很少，不足以刺激直肠形成排便，最终导致了这种现象。"攒肚"是一种正常的生理现象，妈妈不必过于担心。

育婴师说

腹部按摩

宝宝便秘、排便困难，妈妈可以尝试给宝宝做腹部按摩，可有效帮助宝宝排便。

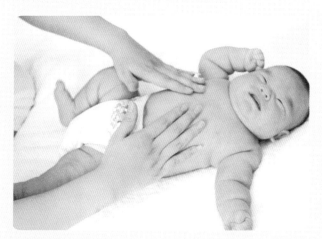

1.用手指轻轻摩擦宝宝的腹部，以肚脐为中心，顺时针旋转摩擦，按摩 10 次休息 5 分钟，再按摩 10 次，反复进行 3 回。

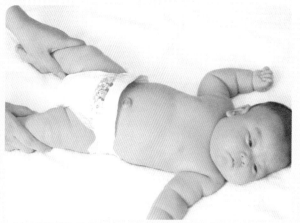

2.宝宝仰卧，妈妈抓住宝宝双腿做屈伸运动，即伸一下屈一下，共 10 次，然后两腿单独屈伸各 10 次。帮助宝宝肠蠕动，有利于大便排出。

疫苗接种前的注意事项

接种疫苗是为了确保宝宝健康成长，新手爸妈要记得带宝宝定时去接种，在接种疫苗前应知晓注意事项，有利于宝宝顺利接种疫苗。

1.带好《儿童预防接种证》，这是宝宝接种疫苗的身份证明。

2.如果有什么禁忌和慎用，请医生准确地告知，以便保护好宝宝的安全。

3.准备接种前1天给宝宝洗澡，当天最好穿清洁宽松的衣服，便于医生接种。

4.如果宝宝有不适，急性传染病、高热惊厥、湿疹等需要暂缓接种。

爸爸妈妈可提前咨询宝宝接种疫苗的注意事项。

疫苗接种

新生儿刚来到这个世界，免疫功能不足，对一些疾病缺乏抵抗能力。为了让宝宝健康成长，爸爸妈妈应及时给宝宝接种疫苗。

宝宝疫苗接种一览表

为了让宝宝健康成长，爸爸妈妈一定要遵医嘱，及时做好宝宝的免疫接种。各地计划内疫苗的接种程序因传染病的流行情况不同而有所不同，以下是北京市的疫苗接种计划表。

年龄	卡介苗	乙肝疫苗	脊髓灰质炎疫苗	百白破疫苗	麻风二联疫苗	甲肝疫苗	麻风腮疫苗	乙脑减毒疫苗	流脑疫苗
出生	●	●							
1月龄		●							
2月龄			●						
3月龄			●	●					
4月龄			●	●					
5月龄				●					
6月龄		●							●
8月龄					●				
9月龄									●
1岁								●	
18月龄				●		●	●		
2岁						●		●	
3岁									● A+C
4岁			●						
6岁				● 白破			●		
小学四年级									● A+C
初中一年级		●							
初中三年级				● 白破					
大一学生				● 白破					

乙型肝炎疫苗

乙型肝炎在我国的发病率很高，慢性活动性乙型肝炎还是造成肝癌、肝硬化的主要原因。如果怀孕时母亲患有高传染性乙型肝炎，那么宝宝出生后的患病可能性达到 90%，所以让宝宝接种乙肝疫苗是非常必要的。出生 24 小时后，医院会为每一个宝宝常规接种。

接种时间：出生满 24 小时以后注射第 1 针，满月后第 2 针，满 6 个月时第 3 针。

接种部位：大腿前外侧。接种方式：肌内注射。

禁忌：如果宝宝是先天畸形及严重内脏功能障碍者，出现窒息、呼吸困难、严重黄疸、昏迷等严重病情时，不可接种。早产儿在出生 1 个月后方可注射。

注意事项

接种后局部可发生肿块、疼痛。少数伴有轻度发热、不安、食欲减退等症状，这些症状大都在两三天内自动消失。

接种乙型肝炎疫苗可能会出现的反应

大多数宝宝在接种乙型肝炎疫苗后不会出现任何症状。但是，也有少数宝宝可能会出现以下不良反应：

接种部位一般在接种后 24 小时左右出现红肿、发痒、硬结等情况，1~3 天内症状基本会消失。新手爸妈在发现这样的情况后，应保证接种部位清洁，不要让宝宝抓挠，若红肿过于严重，应用热毛巾热敷消肿。

有些宝宝会出现不同程度的发热，还伴有恶心、食欲不振、精神不好、腹痛、腹泻等不良反应，但是症状一般在 24 小时内就会消失，最多不会超过 3 天。但如果宝宝发热严重，温度达到 39℃以上或持续高热不退，应带宝宝尽快就医。

干货！
干货！

育婴师说

黄疸未退能打乙肝疫苗吗

宝宝满月时要接种乙肝疫苗第 2 针，医生发现有些宝宝黄疸仍然未退。此时要分析，如果宝宝体重、身高增长理想，精神状态也好，大便为黄色，很可能为母乳性黄疸，可以暂停母乳 3~5 天。如果黄疸明显减退，就可以证实为母乳性黄疸，此时可以注射乙肝疫苗。如果宝宝精神状态不好，身高、体重增长不理想，很可能是其他器质性疾病引起的黄疸，建议新手爸妈带宝宝到儿科进一步诊治，而不要盲目给宝宝接种疫苗。

那么，如果宝宝是病理性黄疸要如何预防和照顾呢？如果是母乳喂养，妈妈要忌服含有氧化剂的药物，忌食蚕豆，忌与樟脑丸、厕所清洁剂等含萘的物品接触；尽早开奶，促进宝宝胎便的排出；宝宝出生时接种乙肝疫苗；绝不能给宝宝使用容易诱发溶血性贫血的氧化剂类药物。照顾细节：注意患儿皮肤、脐部及臀部的清洁，防止破损感染；注意观察宝宝的精神状态，如果除黄疸外，还伴有精神萎靡、嗜睡、吮乳困难、惊恐不安、两目斜视、四肢强直或抽搐等现象，要及时就医诊治。

疫苗接种后注意事项

按时接种疫苗后，新手爸妈可别以为这样就可以了，还有很多事情需要新手爸妈去做，适当的护理及观察接种后宝宝的反应都是非常重要的。

1. 用棉签按住针眼几分钟，不出血时方可拿开棉签，不可揉搓接种部位。

2. 要在接种场所休息观察30分钟左右，如果出现不良反应，可以及时请医生诊治。

3. 接种后让宝宝适当休息，多喝水，注意保暖，以防诱发其他疾病。

4. 接种疫苗的当天不要给宝宝洗澡，以免宝宝因洗澡而受凉患病。

> 接种疫苗后出现轻微发热、食欲缺乏、哭闹的现象是正常的。

脊灰糖丸

脊髓灰质炎疫苗（脊髓灰质炎减毒活疫苗糖丸，以下简称"脊灰糖丸"）是预防和消灭脊髓灰质炎的有效控制手段。

脊髓灰质炎是由脊髓灰质炎病毒所致的急性传染病，患病宝宝会出现肌肉无力、肢体弛缓性麻痹的症状。多发于婴幼儿，故又称小儿麻痹症。

本病可防难治，一旦引起肢体麻痹易造成终生残疾，甚至危及生命。我国目前使用的脊灰糖丸就是用于预防小儿麻痹症的疫苗。

接种方式：可口服糖丸剂。一般于第2、4、6月龄时各服一丸。1.5~2岁，4岁和7岁时再各服1丸（直接含服或以凉开水溶化后服用），也可口服液体疫苗。初期免疫3剂，从出生后第2个月开始，每次2滴，间隔4~6周；在宝宝4岁或入学前再加强免疫1次，可以直接滴于宝宝口中或滴于饼干上服下。

注意事项

接种脊灰糖丸前后半小时内不能吃奶、喝热水。有肛周脓肿和对牛奶过敏的宝宝不能服用脊灰糖丸。

如果宝宝有发热、体质异常虚弱、严重佝偻病、活动性结核及其他严重疾病以及1周内每天腹泻4次的情况，均应暂缓服用。

此种疫苗只能口服，不能注射，如果宝宝患胃肠病，最好延缓服用。如果宝宝服用时出现呕吐现象，则要重新服用。

卡介苗

卡介苗的接种可以增强人体对结核病的抵抗力，预防肺结核和结核性脑膜炎的发生。

接种时间：出生后24小时接种第1针。

接种部位：左上臂三角肌中央。

接种方式：皮内注射。

禁忌：当宝宝患有高热、严重急性症状及免疫不全、出生时伴有严重先天性疾病、低体重、早产儿、严重湿疹、可疑的结核病时，不应接种疫苗，可暂缓接种时间，待医生确认宝宝恢复后才可接种。

注意事项：接种后10~14天在接种部位有红色小结节，小结节会逐渐变大，伴有痛痒感，4~6周变成脓包或溃烂，此时新手爸妈不要挤压和包扎。溃疡经两三个月会自动愈合，有时同侧腋窝淋巴结肿大。如果接种部位发生严重感染，应及时请医生检查和处理。

百白破疫苗

百日咳、白喉、破伤风混合疫苗简称百白破疫苗，它是由百日咳疫苗、精制白喉和破伤风类毒素按适量比例配制而成，用于预防百日咳、白喉、破伤风3种疾病。接种的对象为3月龄至6周岁的儿童。其中需要新手爸妈格外注意的是疫苗的接种时间以及其中的禁忌等注意事项。

接种时间：基础免疫，出生满3个月后接种第1针。连续接种3针，每针间隔时间最短不得少于28天。加强免疫，在1.5~2岁时用百白破疫苗加强免疫1针，7周岁时用精制白喉疫苗或精制白破二联疫苗加强免疫1针。

接种部位：12月龄以下宝宝注射部位为大腿前外侧，其他人群为三角肌。

接种方式：肌内注射。

禁忌：如果宝宝患有中枢神经系统疾病，如脑病、癫痫等，或有既往病史者，以及属于过敏体质的不能接种；发热、急性疾病和慢性疾病的急性发作期应暂缓接种。

12月龄以下的宝宝，注射疫苗的部位为大腿前外侧。

干货！干货！

育婴师说

3种可以接种的计划外疫苗

流感疫苗

对于7个月以上，患有哮喘、先天性心脏病、慢性肾炎、糖尿病等抵抗力弱的宝宝，一旦流感流行，容易患病并诱发旧病发作或加重，应考虑接种。

肺炎疫苗

肺炎是由多种细菌、病毒等微生物引起，单靠某种疫苗预防效果有限，一般健康的宝宝不主张接种肺炎疫苗。体弱多病的宝宝可以考虑选用。

水痘疫苗

如果宝宝抵抗力弱，应该接种水痘疫苗；对于身体好的宝宝可不用接种水痘疫苗，这是因为水痘是良性自限性"传染病"，即使宝宝患了水痘，产生的并发症也很少。

育婴师纯干货——宝宝生病用药关键词

宝宝一般都不爱喝药,在给宝宝喂药时,面对哭闹的宝宝,爸爸妈妈常常手忙脚乱,束手无策。
到底该怎样给宝宝喂药呢?

1 宝宝吃药的时间：如果给宝宝喂药的时间安排不当，也不能起到很好的治疗效果。许多新手爸妈抱着宝宝从医院看完病回来后，按照医嘱，一天3次给宝宝喂药，但是宝宝病情控制不见效果。新手爸妈的喂药时间是这样的，早晨吃1次，中午吃1次、晚上吃1次。这种吃法是错误的，因为这样不能保证药物在血液中达到有效的血药浓度，在夜间血药浓度就可能下降到很低的水平，而达不到治疗的目的。正确的时间安排是每隔8小时喂1次药，可以安排在早上8点、下午4点、夜间12点各口服1次。

2 喂药前做好准备工作：喂药时，先给宝宝戴好围嘴，准备好卫生纸或毛巾，然后仔细查看好药名和剂量。药液要先摇匀，粉剂、片剂要用温开水化开、调匀。准备好的药物应放在宝宝碰不到的地方，以免被宝宝打翻。

3 喂药方式：妈妈抱起宝宝，取半卧位，用滴管或塑料软管吸满药液，将管口放在宝宝口中，每次以小剂量慢慢滴入。等宝宝咽下后，再继续喂药。若发生呛咳，应立即停止喂药，抱起宝宝轻拍后背，以免药液呛入气管。若宝宝又哭又闹不愿吃药，可将宝宝的头固定，用拇指和食指轻轻捏住双颊，使宝宝张开嘴巴，用小匙紧贴嘴角，压住舌面，让药液从舌边慢慢流入，待宝宝吞咽后再把小匙取走。

4 糖浆类药剂不宜久放：糖浆类药剂中的糖和芳香剂能掩盖一些药物的苦、咸等不适味道，一般宝宝乐于接受，比如止咳糖浆、健胃糖浆、硫酸亚铁糖浆等。要注意糖浆类药剂打开后不宜久存，以防变质。吃糖浆类药物时，通常用瓶盖作为量药器是很好的选择。

5 果味型咀嚼药片要收纳好：这类片剂加入了糖和果味香料，因而香甜可口，便于嚼服，适合1周岁以上的幼儿服用。但家长应注意收好，防止宝宝自己拿来吃。

6 不喂成人药品：宝宝生理和心智都还处在发展的阶段，对药物的吸收、代谢与成人大不相同，因此儿童用药不论在药物、剂型的选择、剂量的决定上都需要由专业医生做特别考量，避免拿大人药品直接来喂宝宝，毕竟宝宝不是缩小版的大人。

7 药奶不混喂：新手爸妈不要将药物放入母乳、配方奶中一起喂食。这样不仅会破坏母乳、配方奶的营养成分，还会影响药物的吸收，从而降低药物的治疗效果。而且，生病中的宝宝食欲不佳，如果配方奶没有喝完，新手爸妈也无法确定宝宝喝下的药物剂量是否足够。因此，以白开水配服药物是最合适的。

8 警惕药物的副作用：任何一种药物都有副作用，如果宝宝吃药后有任何异常的反应，请立刻咨询医生。一旦确定是药物引起的副作用，爸爸妈妈必须记录下药物名称、使用的剂量及副作用导致的反应，并在每次就医时主动告诉医生，以免宝宝再次受到伤害。

干货！干货！

育婴师说

宝宝生病了，打针好还是吃药好

宝宝生病，只要去医院，医生就会对症下药，但是父母在口服药物还是打针上总是存在分歧。一般情况下，医生会根据具体情况来决定该吃药还是打针。其实，能吃药尽量吃药，实在不得已才考虑打针。口服药物是一种最简单、方便的用药方法，一般的轻度腹泻、感冒等都可以通过口服药解决问题。打针虽然吸收快，但是会增加宝宝的痛苦。

附录　特别宝宝的养护

对于早产儿、双胞胎或者多胞胎宝宝，爸爸妈妈除了有着初为人父母的欣喜和激动外，还面临着非常艰巨的挑战。新生儿日常护理涉及宝宝生活的各个细节，新手爸妈如果准备不充分，往往会措手不及。那么，特殊宝宝的日常护理都需要注意什么呢？

养护早产儿

新妈妈要付出更多的精力和耐心来照顾早产儿，给早到的天使更多的关爱。一般来说，怀孕未满 37 周出生的宝宝称为早产儿。与足月儿相比，早产儿发育尚未成熟，体重多在 2 500 克以下，即使体重超过 2 500 克，也不如足月儿成熟，所以早产儿更要吃最有营养的母乳。

坚持母乳喂养

早产儿体重增长快，营养供给要及时，最好是母乳喂养。早产儿妈妈的乳汁和一般产妇的母乳有许多不同，其中所含的各类营养物质，包括蛋白质、氨基酸都更多，它是专为早产儿准备的特殊食物，所以早产儿尤其要母乳喂养。如果由于某些特殊原因不能母乳喂养，那么最好去购买专为早产儿配制的配方奶。

另外，因为早产儿吞咽功能不完善，吸吮力不足，所以新妈妈给宝宝哺乳时要特别注意。早产儿吃奶每次的摄入量不会太多，所以要多次少量喂养，一天至少喂 12 次。

给早产儿储备母乳

大多数早产儿都会在医院住上几天，可能暂时不能实现亲喂，此时，妈妈要坚持挤奶，一开始需要每天至少挤 5 次，每次约 20 分钟。挤出的奶可以放冰箱冷藏，在 1 周之内喂给宝宝，超过这个期限的母乳就不要再给宝宝喝了。

避免给早产儿用奶瓶

为防止早产儿发生"乳头混淆"，在宝宝住院期间，妈妈可以告诉医护人员，尽量不用奶瓶喂奶，而改用针管或小杯子、小勺等。如果早产儿已经开始用奶瓶，妈妈也不要过于焦虑，只要多花些时间，宝宝还是会习惯吃妈妈的母乳的。

怎样护理早产儿

早产儿属于特殊的新生儿群体，一出生就应该得到特有的关爱和照顾。为了更好地照顾早产儿，爸爸妈妈可以采取以下措施。

1. 注意给宝宝保温。注意室内温度，因为早产儿的体温调节中枢尚未完善，没有足够的皮下脂肪为他保温，失热很快，因此保温十分重要。室温要控制在 25~27℃，每 4~6 小时测一次体温，保持体温恒定在 36~37℃。

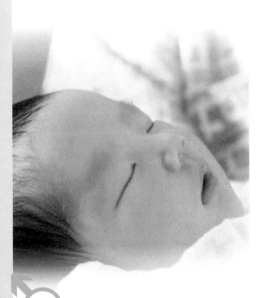

育婴师干货分享：宝宝少生病吃得香睡得好长大个

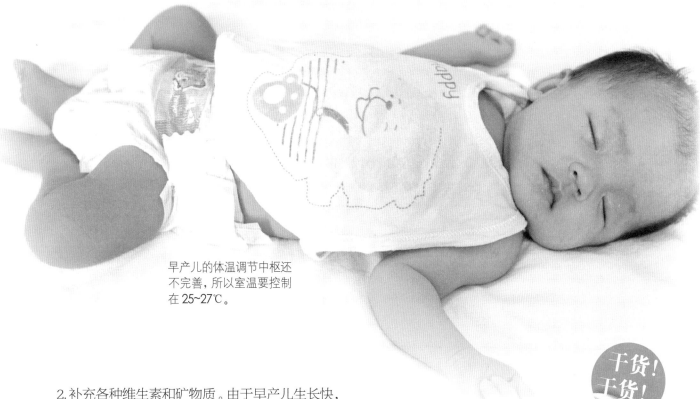

早产儿的体温调节中枢还不完善，所以室温要控制在25~27℃。

2. 补充各种维生素和矿物质。由于早产儿生长快，又储备不足，维生素 A、B 族维生素、维生素 C、维生素 E、维生素 K、钙、镁、锌、铜、铁等也都应分别在出生后 1~2 周开始补充，最好喂食母乳。初乳中各种人体必需的元素、蛋白质、脂肪酸、抗体的含量都高，正好适合快速生长的早产儿。如果母乳不足，则应采用早产儿配方奶粉。

3. 谨防感染。早产儿的居室避免闲杂人员入内。接触早产儿的人（包括母亲和医护人员）都必须洗净手。接触宝宝时，大人的手应是暖和的，不要随意亲吻、触摸宝宝。妈妈或陪护人员若感冒要戴口罩，腹泻则务必勤洗手，或调换人员进行护理。

4. 定期回医院追踪检查及治疗，如视力、听力、黄疸、心肺、胃肠消化及接受预防注射等。

干货！干货！

育婴师说
早产儿哺喂

早产儿比较虚弱，在吃奶时也是如此，所以在哺喂时会与一般新生儿有所不同。

早产儿哺喂需讲究方式
传统的哺乳姿势不适合早产儿，喂奶时，妈妈要用胳膊托住宝宝的全身，用手掌支撑住宝宝的头，另外一只手托住乳房，轻轻地送到宝宝嘴边。

早产儿吃得慢
吃得慢是早产儿的进食特点。可以在宝宝吃 1 分钟后，让宝宝停下来休息一下，等 10 秒钟后再继续喂食，这样可减少吐奶的发生。

剖宫产宝宝的护理

剖宫产宝宝由于没有经受产道的自然挤压，在呼吸系统的完善方面较弱，需要在出生后加强。新手爸妈要注意以下几点。

坚持母乳喂养

由于剖宫产宝宝没有经过产道，未接触母体菌群，加上抗生素的使用以及母乳喂养延迟，其肠道中的有益菌数量少，因此他的免疫力会比自然分娩的宝宝低，过敏、感染的风险较高。为了预防外来细菌感染和过敏，最好的办法就是坚持母乳喂养。

轻轻摇晃

剖宫产宝宝的平衡能力和适应能力可能比自然分娩的宝宝稍弱，所以宝宝出生后，新手爸妈应该多抱着宝宝轻轻摇晃，让宝宝的平衡能力得到初步的锻炼。摇晃时要注意，不要太用力，否则容易损伤宝宝大脑。

多做运动

多让宝宝做运动，可增强免疫力。刚出生时，新手爸妈应多帮宝宝翻身，利用宝宝固有的反射训练宝宝抓握、迈步。稍大点可以训练宝宝爬行。

坚持晒太阳

宝宝满月后可对宝宝进行空气浴和日光浴。选择晴朗的天气，让宝宝呼吸室外的新鲜空气，接受阳光的刺激，可增强触觉感受，促进新陈代谢。

抚触按摩

皮肤是人体接受外界刺激最大的感觉器官，是神经系统的外在感受器。多给宝宝做抚触按摩，可以刺激神经系统发育，促进宝宝生长及智力发育。

做抚触按摩，爸爸妈妈要用爱、用情、用心抚触宝宝的每一寸肌肤。要做到手法温柔、流畅，让宝宝感觉舒适、愉快。抚触顺序：前额→下颌→头部→胸部→腹部→双上肢→双下肢→背部→臀部。

养护双胞胎

一举多得的妈妈很幸福，也很操心，辛苦并快乐着，这是双胞胎和多胞胎妈妈的真实写照。由于在妊娠期妈妈的营养要同时供应两个胎宝宝生长，因此双胞胎宝宝大多数没有单胎宝宝长得好，其对环境的适应能力和抗病能力均较一般单胎新生儿弱。有时可能出现护理不周的情况，使双胞胎宝宝易患病，因此要重视对双胞胎宝宝的喂养和护理。

育婴师干货分享：宝宝少生病吃得香睡得好长大个

预防低血糖

双胞胎出生后 12 个小时之内，就应喂哺 50% 糖水 25~50 毫升。这是因为双胞胎宝宝体内不像单胎足月儿有那么多的糖原贮备，饥饿时间过长会发生低血糖，影响大脑的发育。

坚持母乳喂养

12 小时内可喂 1~3 次母乳，母乳喂养的双胞胎宝宝需要按需哺乳。体重不足 1 500 克的双胞胎宝宝，每 2 小时喂奶 1 次；体重在 1 500~2 000 克的宝宝，夜间可少哺喂 2 次；体重 2 000 克以上的宝宝，每 3 小时哺喂 1 次。

补充营养元素

从双胞胎宝宝出生的第 2 周起可以补充菜汁、稀释过的鲜橘汁、钙片、鱼肝油等，从第 5 周起应增添含铁丰富的食物。但一次喂入量不宜过多，以免引起消化不良。

双胞胎用品

现今有许多市售的双胞胎、多胞胎使用的婴儿车、婴儿床、摇篮等，既方便，又可以让双胞胎和多胞胎宝宝从小培养起亲密无间的亲情，妈妈不妨给宝宝准备一下。

养护巨大儿

产下巨大儿，新妈妈不要太过担心，做好宝宝的护理工作一样可以使宝宝健康成长。

产下巨大儿需警惕

胎儿体重超过 4 000 克，临床上将其称为巨大儿，其中有些为健康婴儿，但亦有不少属病理性。因此，妈妈不要盲目高兴，也不要太过担心。

巨大儿容易发生低血糖、低血钙或者高胆红素血症，约 10% 还伴有先天畸形等疾病。因此，巨大儿出生后 1 小时就应开始喂 10% 的葡萄糖水，每次 5~10 毫升，每小时 1 次，还应令其尽早吃到母乳。

病理性巨大儿需加强护理

巨大儿除了给妈妈分娩带来麻烦外，其出生后体质往往"外强中干"，身体抗病能力弱，尤其生下巨大儿的新妈妈常患有糖尿病。刚出生的巨大儿发育不一定成熟，妈妈患有糖尿病的宝宝需加强护理，注意并发症的发生。

图书在版编目（CIP）数据

育婴师干货分享：宝宝少生病吃得香睡得好长大个 / 张立云主编 . -- 南京：江苏凤凰科学技术出版社，2019.11
（汉竹·亲亲乐读系列）
ISBN 978-7-5537-9362-7

Ⅰ.①育… Ⅱ.①张… Ⅲ.①婴幼儿－哺育－基本知识 Ⅳ.① TS976.31

中国版本图书馆 CIP 数据核字 (2018) 第 135960 号

中国健康生活图书实力品牌

育婴师干货分享：宝宝少生病吃得香睡得好长大个

主　　　编	张立云
责 任 编 辑	刘玉锋　黄翠香
特 邀 编 辑	李佳昕　张　欢
责 任 校 对	郝慧华
责 任 监 制	曹叶平　刘文洋

出 版 发 行	江苏凤凰科学技术出版社
出版社地址	南京市湖南路 1 号 A 楼，邮编：210009
出版社网址	http://www.pspress.cn
印　　　刷	天津海顺印业包装有限公司分公司

开　　　本	715 mm × 868 mm　　1/12
印　　　张	15
字　　　数	300 000
版　　　次	2019 年 11 月第 1 版
印　　　次	2019 年 11 月第 1 次印刷

标 准 书 号	ISBN 978-7-5537-9362-7
定　　　价	39.80 元

图书如有印装质量问题，可向我社出版科调换。